Tynchtyk Mukanov

Investigação da deposição de sedimentos em reservatórios de centrais hidroeléctricas

Tynchtyk Mukanov

Investigação da deposição de sedimentos em reservatórios de centrais hidroeléctricas

ScienciaScripts

Imprint

Cover image: www.ingimage.com

This book is a translation from the original published under ISBN 978-3-659-86525-1.

Publisher:
Sciencia Scripts
is a trademark of
Dodo Books Indian Ocean Ltd. and OmniScriptum S.R.L publishing group

120 High Road, East Finchley, London, N2 9ED, United Kingdom
Str. Armeneasca 28/1, office 1, Chisinau MD-2012, Republic of Moldova, Europe
Managing Directors: Ieva Konstantinova, Victoria Ursu
info@omniscriptum.com

Printed at: see last page
ISBN: 978-620-8-53768-5

Índice

Caracterização geral do trabalho

Relevância: O estudo é dedicado a uma das questões mais actuais e até agora insuficientemente cobertas - a determinação precisa e, especialmente, a previsão de perdas de capacidade em reservatórios de canal e a questão da eliminação de sedimentos em reservatórios de irrigação e energia.

A região da Ásia Central é uma das zonas económicas onde a base da economia é a agricultura de regadio e a energia, que se baseia na utilização conjunta dos recursos hídricos das bacias dos rios Amu Darya e Syr Darya. As condições naturais favoráveis, tais como as zonas montanhosas do nosso país, como o Quirguizistão e o Tajiquistão, e os ricos recursos hídricos e terrestres do Uzbequistão e do Turquemenistão criaram grandes oportunidades para o desenvolvimento da energia e da agricultura de regadio, cuja eficiência está diretamente relacionada com a disponibilidade de água. Nestas zonas de escassez de água, especialmente nas repúblicas do Uzbequistão e do Turquemenistão, onde o caudal relativamente pequeno e instável dos rios locais não permite um abastecimento fiável de água aos consumidores, só a construção de reservatórios permite satisfazer as necessidades de irrigação e de abastecimento de água. Por conseguinte, a construção de reservatórios nesta região é uma necessidade vital, apesar das suas consequências negativas (inundação de grandes áreas, perdas de água por filtração, evaporação e assoreamento, erosão do canal no curso inferior por água clarificada, falta de colmatação do canal devido à falta de sedimentos em suspensão, impossibilidade de utilizar impurezas férteis dissolvidas na água nos campos, etc.).

Na bacia do Mar de Aral, foram construídos mais de 60 reservatórios com um volume de água utilizável de mais de 10 milhões de metros^3 cada. O volume total agregado dos reservatórios é de 64,5 km^3, dos quais o volume utilizável é de 46,5 $km^{(3)}$ incluindo 20,2 km$^{(}$3) na bacia do Amu Darya e 26,3 km^3 na bacia do Syr Darya.

Objetivo da investigação: Melhoria do funcionamento tecnológico de estruturas e reservatórios e consideração da metodologia de determinação e previsão do volume de assoreamento dos reservatórios: Orto-Tokoi, Kambarata HPP-2 de regulação diária através da análise das medições de campo disponíveis no local que se situa entre Kambarata HPP1 e HPP-2 na estação de medição da aldeia de Uchterek. Uchterek.

Objectivos do estudo:

- Assegurar um determinado grau de purificação da água a partir de sedimentos;
- a passagem sem acidentes de inundações, lodaçais e barbatanas;
- Analisar o processo de sedimentação e o efeito da carga adicional na estrutura de bombagem;

- manutenção de barragens e desenvolvimento de medidas para o funcionamento de estruturas hidráulicas e reservatórios.

Objeto do estudo: O objeto do estudo são os reservatórios do Quirguizistão, nomeadamente as centrais hidroeléctricas de Ortokoi, Uchkurgan, Toktogul e Kambarata.

Métodos de investigação: A solução das tarefas definidas foi realizada com base na recolha, análise do sistema e generalização de estudos de campo no rio Naryn nos locais próximos da aldeia de Uchterek, a montante da foz do rio Kekemeren e no local da foz do rio Kekemeren.

Importância científica e prática dos resultados da investigação.

O trabalho baseia-se em dados factuais extensos sobre o estudo do assoreamento de grandes reservatórios de canais de irrigação realizado pelo SANIIRI, Centro Batimétrico sob a tutela do MAWR.

A central hidroelétrica de Kambarata-2 não é apenas uma fonte de produção de eletricidade, mas também uma central hidroelétrica experimental. A UHE de Kambarata-2 foi escolhida pelos projectistas especialmente no local da falha tectónica "Yuzhny" para estudar o impacto tectónico nas condutas de água №1,2,3, no vertedouro de construção-operacional e na barragem de terra construída por explosão dirigida.

O método proposto de cálculo do assoreamento do reservatório da UHE Kambarata-2 permitirá prever o volume da bacia e os termos de funcionamento do reservatório de regulação diária.

Os resultados da investigação são absolutamente necessários para o funcionamento não só da barragem, mas também da unidade hidroelétrica n.º 1 da linha de água n.º 1, que já está pronta a funcionar, e das duas unidades hidroeléctricas seguintes, n.º 2 e n.º 3, da central hidroelétrica de Kambarata-2.

Breves resultados da investigação: foram analisadas fontes bibliográficas sobre a experiência de exploração de albufeiras de complexos hidroeléctricos. Foram considerados os problemas de assoreamento da albufeira, ou seja, o processo de sedimentação da bacia da albufeira e a reforma das suas margens - alteração da forma original das encostas costeiras devido à destruição da parte sobre a água das encostas pelas ondas e à formação de cardumes costeiros. Foi estudada e realizada uma análise generalizada da experiência de funcionamento das albufeiras dos complexos hidroeléctricos.

Novidade científica do trabalho: de acordo com os resultados das pesquisas realizadas, serão desenvolvidas recomendações sobre a limpeza do leito dos reservatórios e as principais medidas para aumentar a eficiência da operação dos hidrossistemas e aumentar a sua produção.

Publicações sobre o tema da tese de mestrado: 1 artigo foi preparado e publicado.

Palavras-chave: análise das condições de captação de água do rio; funcionamento técnico; utilização racional; estruturas de captação de água do rio; observações e pesquisas de campo; acumulação de sedimentos e descarga de sedimentos; regime hidráulico de funcionamento das estruturas de captação de água; regulação do caudal; descarga do rio; turbidez; composição fraccionada; tipo de layouts; manipulação de comportas em estruturas de múltiplos vãos; funcionamento tecnológico das estruturas de captação de água, limitações tecnológicas da captação de água do rio e regulação da água.

Capítulo 1: Regime hidrológico dos rios e processos fluviais

1.1 Os rios e os seus regimes hídricos

Os rios são alimentados pelo degelo da neve (primavera), pela precipitação (verão e outono) e pelas águas subterrâneas (verão e inverno). A quantidade de água num rio varia de ano para ano e dentro de um mesmo ano. O nível da água no rio, que é medido em relação a uma superfície de referência horizontal nocional, também varia em conformidade. O regime hídrico de um rio é a alteração no tempo do nível da água no rio causada pelos processos de acumulação e consumo de humidade na bacia hidrográfica. Os estados caraterísticos do regime hídrico são designados por fases. As principais fases do regime hídrico de um rio são: cheia, enchente, período de águas baixas. A cheia repete-se anualmente devido às alterações climáticas sazonais e caracteriza-se por uma subida elevada e prolongada do nível da água causada pela fusão da neve na bacia hidrográfica. Durante as cheias, a água deixa o canal do rio e inunda a sua planície de inundação. Nos rios do Quirguizistão, as cheias ocorrem na primavera, nos meses de março, abril e maio, e podem durar de duas a três semanas a um a dois meses. As cheias podem ocorrer repetida e irregularmente em diferentes estações do ano e caracterizam-se por aumentos intensos do nível das águas a curto prazo. Uma cheia de magnitude excecional e de recorrência rara, que pode causar vítimas e destruição, é designada por cheia catastrófica. Uma inundação com as mesmas consequências é por vezes designada como tal. Inundação é a inundação de uma área com água, o que constitui uma catástrofe natural. As inundações podem ocorrer durante as cheias ou inundações, quando a água sobe em resultado de uma vaga de água provocada pelo vento na foz de um rio, devido à rutura de estruturas hidráulicas.

O período de baixa-mar é uma recorrência anual durante os mesmos períodos do ano e caracteriza-se por um nível de água baixo prolongado resultante de uma diminuição do abastecimento do rio. Distinguem-se os períodos de estiagem de verão e de inverno. O início do período de estiagem de verão é o fim da cheia e o fim é o início da subida das águas após as chuvas de outono. Normalmente, o período de águas baixas ocorre em julho-agosto, quando os rios são alimentados principalmente por águas subterrâneas. A construção de reservatórios nos rios permite regular eficazmente o regime hídrico ao longo de todo o ano. Como resultado, o regime hídrico ocorre com níveis de água relativamente iguais.

O fluxo de água nos rios é causado pelo gradiente da superfície da água desde a nascente até à foz: quanto maior o gradiente, maior a velocidade do fluxo. Esta velocidade depende também da profundidade média, da sinuosidade e da rugosidade do canal. É diferente nas margens e nos rápidos: em águas baixas é maior nos rápidos, em águas altas - nas margens. A velocidade do caudal diminui desde a nascente até à foz do rio. A velocidade do caudal de um rio é a velocidade média dos jactos individuais do caudal do rio. As velocidades dos jactos não são as mesmas em diferentes pontos da secção transversal do curso de água, cuja área é designada por secção viva do canal do rio. A velocidade do jato é máxima acima do ponto mais profundo perto da superfície da água, num ponto a cerca de 0,2 de profundidade da superfície. A partir deste ponto, a velocidade do jato diminui em direção ao fundo do rio e às suas margens. Na superfície da água, a velocidade dos jactos é máxima acima do ponto mais profundo. A linha que liga os pontos da superfície da água com as velocidades de jato mais elevadas e com a maior profundidade do canal é designada por tronco do rio. Nas curvas do canal, em simultâneo com o fluxo ao longo do mesmo, ocorre também um fluxo transversal: à superfície - em direção à margem côncava, no fundo - em direção à convexa. Assim, nas secções curvilíneas do rio, o fluxo de água parece "enroscar-se" ao longo do canal a jusante. Este fluxo de água em forma de parafuso "deriva" o leito do rio para mais perto da margem côncava. Assim, em secções rectilíneas do rio, a velocidade do fluxo é maior no meio do canal, em secções curvilíneas - mais perto da margem côncava. Quando o nível da água muda, duas correntes transversais adicionais aparecem entre o meio do rio e as suas margens. Quando a água sobe, estas correntes na superfície da água são direcionadas do meio para as margens, no fundo - das margens para o meio, e no meio do rio - de baixo para cima. Quando a água está a recuar, é o contrário. Todos os rios são afectados pela sedimentação. O tipo mais caraterístico de deposição de sedimentos é o espeto, que é formado pela margem convexa em forma de cunha que corre num ângulo para jusante. O espeto afunda-se gradualmente sob a água, estendendo-se até ao canal do rio. Os depósitos de sedimentos no canal podem ser subaquáticos ou sobreaquáticos. Rolos. Trata-se de um depósito estável de sedimentos sob a forma de uma berma que atravessa o canal do rio (frequentemente designado por vau). É o principal fator que complica a navegação nos rios. Na maioria das vezes, os rolos estão localizados em locais onde o fluxo de água faz a transição de uma curva para outra. Em águas altas, as direcções do fluxo são paralelas às margens dos rolos, em águas baixas - dependendo das suas caraterísticas. Por exemplo, a formação de uma corrente de pântano depende da forma do embasamento: por exemplo, num overkat com um embasamento plano, o caule bem definido do rio coincide com o eixo da calha e não há correntes de pântano. Os materiais sólidos são transportados pelos rios de três formas: dissolvidos, suspensos e arrastados pelo fundo. O primeiro método quase não desempenha nenhum papel na formação de placers, o segundo desempenha um papel muito subordinado (no caso do transporte de ouro em bruto), e o terceiro é o principal. A principal massa de material sólido é transportada pelo rio durante as cheias. Nessa altura, a quantidade de água e a velocidade do seu fluxo são tão grandes que o rio põe em movimento uma camada considerável de sedimentos que cobre o seu leito. Esta camada de sedimentos em movimento tem geralmente vários decímetros de espessura, por vezes 1-2 metros. É constituída por seixos imersos numa mistura líquida de água, areia e partículas de lama, ou seja, uma espécie de fluxo de lama. Nas suas partes inferiores, tem uma consistência mais espessa, que se torna gradualmente mais líquida nas partes superiores da camada.

A velocidade de deslocação também se altera da mesma forma: é mínima (até zero) nas partes inferiores da camada e máxima no topo. Quanto maior for a cheia, ou seja, quanto maior for a massa de água e quanto maior for a velocidade da corrente, maior será a força da camada de leito em movimento. O movimento dos seixos e das partículas de maiores dimensões não se faz tanto por rolamento como por deslizamento de uma camada sobre outra. É evidente que, neste movimento, os metais valiosos, bem como os minerais cada vez mais pesados, encontram inevitavelmente o seu caminho para as partes mais baixas da camada em movimento e concentram-se na parte mais lenta da camada, que tem apenas alguns centímetros de espessura. Assim, já no próprio processo de transporte de material sólido, são separadas duas camadas, com e sem minerais pesados, que são como protótipos de areias e turfas. Assim que a água alta recua, ou seja, a sua massa e velocidade de fluxo diminuem, o movimento dos sedimentos de fundo é imediatamente enfraquecido. A parte inferior dos sedimentos, por assim dizer as proto-areias, torna-se imóvel e fixa. À medida que a água recua, as partes superiores da camada móvel fixam-se e a sua força diminui. Durante a baixa-mar, o movimento do sedimento de fundo quase cessa e ocorre principalmente por rolamento sobre o fundo de seixos individuais. Na cheia seguinte, os sedimentos estão de novo em movimento. Se esta cheia for de magnitude igual ou superior à anterior, a camada que contém o metal valioso deslocar-se-á. Se a inundação for de menor magnitude, esta camada não se move. Mesmo neste caso, porém, a parte mais baixa da camada de leito em movimento pode conter metal valioso, desde que seja trazido de montante. Quando as águas altas recuam, esta nova camada contendo metal acumula-se também sobre a anterior. Se um determinado troço de curso de água estiver numa fase de acumulação de sedimentos, ou seja, se a quantidade de material trazido for superior à retirada e se a espessura total dos sedimentos aumentar gradualmente, a camada portadora de metal acumular-se-á de ano para ano, fixando a parte mais baixa dos sedimentos de fundo em movimento. Esta acumulação, que se prolonga ao longo dos séculos, conduz à formação de uma camada mais ou menos espessa de areias metálicas. A acumulação de areias dura até ao momento em que cessa o afluxo de metais valiosos provenientes das zonas a montante do rio. Depois disso, as turfas, ou seja, o mesmo sedimento mas sem o teor de metal valioso, acumulam-se da mesma forma. Se todas as cheias tivessem exatamente a mesma magnitude, todos os anos seria consolidada uma parte igual e muito pequena da camada de carga do leito, correspondendo à taxa geral de acumulação de sedimentos num determinado troço do rio. Mas, geralmente, há alternância de cheias altas e baixas, e até mesmo períodos inteiros de ambas. Uma cheia excecionalmente elevada pode pôr em movimento uma camada de sedimentos há muito consolidada, lavando-a em excesso e redistribuindo nela metais valiosos. Se uma tal cheia elevada não voltar a ocorrer, ou se ocorrer após um longo intervalo em que a espessura total dos sedimentos tenha aumentado consideravelmente, esta camada permanecerá permanentemente imóvel. A camada da próxima cheia excecionalmente elevada será depositada sobre ela da mesma forma. Assim, o sedimento fluvial que compõe os placeres aluviais não é o sedimento de águas médias ou mesmo altas, mas apenas das cheias excecionalmente altas sofridas pelo rio durante o período de acumulação de sedimentos. Este é o princípio da acumulação progressiva das contribuições do fundo do rio.

Durante as cheias, quando a saturação do caudal e as velocidades são mais elevadas, observa-se nalguns locais a erosão do canal, que é particularmente intensa nas margens côncavas das curvas do rio, onde se faz sentir a influência da circulação lateral. O material erodido deposita-se nos baixios opostos e é parcialmente arrastado para as cabeceiras, cujo fundo é assim consideravelmente alargado durante as cheias.

No entanto, os processos de erosão não cessam mesmo após a passagem das cheias, mas observa-se o fenómeno inverso: formam-se gradientes locais e gradientes significativos nos taludes quando a água recua, provocando a erosão e o transporte de sedimentos para os canais subjacentes. Este processo, na prática dos estudos fluviais, é designado por processo de auto-limpeza da travessia do rio.

Quanto maior for o gradiente dos rios, mais intensos serão os processos de erosão e deposição, e maiores serão as quantidades relativas de sedimentos transportados pelos rios. Em particular, a erosão mais intensa do leito do rio e das margens do canal ocorre nas partes superiores dos rios, onde as velocidades de fluxo atingem os seus valores mais elevados e as inundações são mais intensas.

É agora geralmente reconhecido que os processos de transporte de sólidos em suspensão por um fluxo são uma consequência direta da turbulência do fluido em movimento. Num escoamento laminar não há razão para a ocorrência de suspensão - todas as partículas sólidas, apanhadas num tal escoamento, afundar-se-ão inevitavelmente no fundo e pararão no seu movimento ou mover-se-ão ao longo do fundo.

No escoamento turbulento, para além do movimento principal na direção longitudinal, existem movimentos transversais adicionais de massas líquidas, cuja presença é a principal razão para a transferência de partículas sólidas das camadas inferiores para as superiores e para o seu transporte em suspensão ao longo de distâncias consideráveis. Uma vez que as partículas sólidas têm uma gravidade específica superior à da água e têm uma tendência constante para se depositarem no fundo, para as manter em suspensão é necessário que haja impulsos constantes nas camadas inferiores do fluxo, provocando a subida das partículas sólidas do fundo para as camadas superiores de água. Como é sabido, a parede sólida do escoamento que possui um certo grau de rugosidade (especialmente num canal fluvial caracterizado pela presença de cristas) é uma fonte de turbulência; nas camadas inferiores do escoamento há formação de vórtices, reforçada pela presença de cristas, o que resulta em efeitos de força ts sobre as partículas sólidas, que foram discutidos acima .

Estudos experimentais modernos mostram que, por detrás de cada saliência ou crista de rugosidade, se forma uma região de rutura onde a pressão é inferior à pressão hidrostática. Pelo contrário, observa-se sempre uma pressão mais elevada na parte frontal das partículas que sobressaem do fundo. A linha de fluxo não simétrica das partículas que se encontram no fundo leva ao aparecimento de uma força de elevação significativa, cujo valor pode ser determinado com base no conhecido teorema de N.E. Zhukovsky.

Sob a influência das forças frontais e de elevação, a estabilidade das partículas sólidas é quebrada, elas começam a mover-se ao longo do fundo e, a determinadas velocidades, são envolvidas na coluna de fluxo.

A interação entre os sólidos e o caudal em determinadas condições hidráulicas conduz sempre a alguns casos em que o número de anos de observações é claramente insuficiente (por exemplo, se o período de observação não cobrir anos de águas altas ou baixas). No entanto, em caso de insuficiência de dados de observação, é preferível utilizar o método das analogias para construir curvas de disponibilidade de caudal diário, o que permite alongar séries curtas e obter dados suficientemente fiáveis. As fórmulas empíricas não têm plenamente em conta os factores que afectam os padrões em estudo, pelo que não podem ser consideradas fiáveis. Quanto ao método das analogias, este tem sido repetidamente utilizado na prática dos cálculos hidrológicos e pode ser considerado suficientemente satisfatório.

Os sedimentos são transportados pelos caudais dos rios, tanto em suspensão como por arrastamento ao longo do leito. Nas zonas montanhosas e de sopé, onde os gradientes excedem frequentemente os gradientes críticos, os rios são capazes de transportar seixos grosseiros, calhaus e cascalho misturados com areia de várias fracções. Ao mesmo tempo, transportam quantidades significativas de areia mais fina, silte e argila em suspensão. Nas zonas planas, onde os declives diminuem acentuadamente, os seixos e os cascalhos são muito mais raros e a maior parte da carga é constituída por partículas de areia-silte de vários tamanhos. Nas zonas baixas dos rios, onde a corrente abranda e a capacidade de transporte do fluxo fluvial é consideravelmente reduzida, ocorre a deposição de sedimentos, levando à formação de um delta na confluência do rio com um lago ou mar.

A turvação é a quantidade de sedimentos em suspensão por unidade de volume de água. A turvação é medida em g/l ou kg/m^3.

O caudal sólido é a quantidade de sedimentos transportados através da secção viva de um curso de água num segundo. O caudal sólido é expresso em kg/s.

A descarga sólida de um rio numa determinada secção transversal é a quantidade de sedimentos transportados pelo curso de água durante um determinado período de tempo (mês, ano, etc.). A carga sedimentar anual dos grandes rios é medida em milhões de toneladas. Nos rios de planície, a carga transportada é uma parte menor, cerca de 1-5 por cento da carga sedimentar.

A turbidez da água é tida em conta quando se seleciona a localização e a elevação da captação de água do rio. Regra geral, a turbidez mais elevada nos rios de planície ocorre na primavera, durante as cheias. Nos rios pequenos, os níveis de água mais elevados, a descarga mais elevada e a turbidez mais elevada coincidem no tempo. Nos grandes rios, a turbidez máxima é ligeiramente anterior à descarga máxima. Assim, nos grandes rios de planície, a carga máxima de sedimentos em suspensão ocorre durante a subida da cheia da primavera.

O caudal sólido é determinado para avaliar as condições de assoreamento da albufeira e para atribuir um volume morto para o assoreamento durante o período de projeto da exploração da albufeira. Nalguns casos é necessário assegurar o trânsito de sedimentos da albufeira para a zona de jusante da albufeira.

Em função da capacidade do volume útil da albufeira e do caudal médio anual, é efectuada uma regulação sazonal, anual e plurianual.

A regulação anual serve para redistribuir o caudal durante o ano. No âmbito da regulação anual, a água é armazenada na albufeira durante as cheias, uma vez que, normalmente, durante este período, a descarga de consumo é inferior à descarga de entrada. Os volumes de água acumulados são utilizados para além do caudal doméstico durante os períodos de estiagem do ano.

A regulação plurianual serve para redistribuir o caudal doméstico ao longo de vários anos, com as reservas de água na albufeira a serem acumuladas em anos de águas altas e descarregadas em anos de águas baixas. Assim, no âmbito da regulação plurianual, o ciclo completo de flutuações do nível da albufeira tem uma duração de vários anos.

As albufeiras com capacidade de regulação plurianual podem normalmente cumprir os requisitos da regulação anual, uma vez que é necessário um menor volume de albufeira utilizável para implementar a regulação anual.

As albufeiras de regulação anual efectuam normalmente a regulação diária e semanal. Os valores relativos dos volumes úteis das albufeiras, expressos em fracções do escoamento médio anual, necessários para a regulação anual e perene são aproximadamente 0,1 - 0,3 para a regulação anual e mais de 0,3 para a regulação perene. O volume necessário para a regulação diária é geralmente cerca de 0,1 - 0,3 do escoamento diário.

A regulação plurianual é uma libertação adicional de água da albufeira em anos de águas baixas.

A regulação sazonal é causada principalmente pelas necessidades de irrigação, a regulação semanal e diária é causada pelos horários de produção de energia.

A regulação diária e semanal a jusante da barragem cria uma zona de fortes flutuações dos níveis de água durante o dia e ao longo da semana. Sob regulação diurna, num raio de 5-10 quilómetros da barragem, os níveis de água mais baixos são observados nas primeiras horas da manhã e os mais altos nas horas da noite. Com a distância da barragem, as flutuações diárias do nível da água diminuem, e o momento da subida e descida da água é alterado pelo tempo que a água descarregada leva para chegar à barragem.

No âmbito da regulação semanal, os níveis mínimos de água ocorrem aos sábados e domingos. A distâncias de 30-40 quilómetros, os níveis mínimos podem ocorrer aos domingos e segundas-feiras. Durante os períodos de águas baixas, as flutuações do nível podem ser sentidas a distâncias de até várias dezenas de quilómetros e a distâncias muito mais curtas durante as águas altas e as cheias.

As flutuações do nível da água na própria albufeira são determinadas pelo seu balanço hídrico, ou seja, a relação entre o caudal de entrada e o caudal de saída, o grau de regulação do caudal pela barragem e o efeito do vento sobre a massa de água na albufeira. As variações do nível da água devidas ao balanço hídrico e à regulação sazonal podem atingir vários metros por ano. Normalmente, o nível da água sobe na primavera, quando a albufeira se enche de água de degelo. Durante o verão, o nível diminui.

A regulação semanal provoca uma mudança de nível mais percetível na parte inferior do reservatório do que a regulação diária. Os ventos fortes e prolongados podem provocar uma distorção do espelho de água na albufeira: numa parte da albufeira há uma vaga de água, na parte oposta - um escoamento. Este fenómeno é mais pronunciado em reservatórios pouco profundos. A maior subida de nível ocorre no início da onda. Nesta altura, as flutuações do nível da água podem atingir 1 m.

1.2 Nanos e regime de canais

O fluxo de um rio é acompanhado pela erosão de algumas partes do canal e pela deposição de sedimentos noutras partes. O movimento dos sedimentos (produtos da erosão do canal e da erosão do solo nas bacias hidrográficas) depende da descarga e da velocidade do fluxo do canal. É feita uma distinção entre sedimentos em suspensão, que são transportados ao longo de toda a espessura do curso de água, e a carga do leito, que é predominantemente constituída por partículas maiores transportadas na camada próxima do fundo do curso de água e constitui o principal material para a formação das formações do canal. Nos rios planos, o relevo de fundo é uma alternância entre cristas de sedimentos de fundo que atravessam o canal (rerolls) e zonas profundas - os splays. A distância entre a nascente e a foz é o comprimento do rio. Os quilómetros são contados a partir da foz. A sinuosidade influencia a contagem dos quilómetros no mapa. O grau de meandrização de um rio é caracterizado pelo coeficiente de meandrização, que é a razão entre o comprimento da secção considerada do rio ao longo do canal navegável e o comprimento da linha reta que liga as extremidades dessa secção. Este coeficiente é maior nos rios pequenos do que nos rios grandes.

A topografia submarina das albufeiras é determinada por vários factores: a morfometria e a hidrodinâmica da albufeira, a morfologia da topografia submersa e o volume e composição dos sedimentos provenientes do escoamento superficial e da reciclagem das margens.

Os reservatórios acumulam a maior parte do material que chega com o escoamento superficial em resultado do colapso das margens. Não mais do que 4-10% de todos os sedimentos que chegam são descarregados a jusante e, por conseguinte, pelo menos 90-95% são utilizados para formar sedimentos de fundo

A fonte de entrada de material é categorizada em 5 grupos:

- escoamento superficial;
- erosão das margens e dos fundos;
- produção de fitoplâncton e de vegetação aquática superior;
- processos físico-químicos em massas de água;
- processos de cinzas.

Enquanto nas albufeiras naturais interiores o balanço de cargas é dominado pelo material proveniente do escoamento superficial, na maior parte das albufeiras de planície, nos primeiros anos da sua existência, os sedimentos de fundo são formados principalmente a partir dos produtos da rotura das margens e do leito; com o tempo, a sua quantidade diminui e a carga proveniente do escoamento superficial começa a predominar.

As turfeiras são uma fonte específica de sedimentos de fundo; a suspensão de turfa formada por elas está envolvida na formação de sedimentos de fundo. Nos primeiros 25 anos de existência da albufeira de Rybinsk, esta quantidade representou cerca de 5% da carga sedimentar total. Os produtos de decomposição do fitoplâncton e das plantas superiores são também uma fonte significativa de reposição de sedimentos.

Em reservatórios de zonas áridas localizados em desertos arenosos, o transporte bruto de sedimentos arenosos e poeirentos pode ser uma fonte importante de sedimentos.

As albufeiras temperadas e tropicais não dispõem geralmente de uma fonte deste tipo.

A quantidade de substância que entra nas albufeiras do deserto é considerável, razão pela qual estas se assoreiam muito rapidamente. Assim, nos EUA, alguns reservatórios situados na zona desértica ficaram cheios de sedimentos durante 10-15 anos; um deles perdeu cerca de 50% da sua capacidade em 7 anos. Foi construída uma nova barragem para a substituir, mas esta perdeu 95% da sua capacidade.

Os sedimentos que entram na albufeira distribuem-se pelo leito da albufeira e formam o complexo sedimentar do solo. A composição e a distribuição dos sedimentos de fundo nas albufeiras podem ser muito diversas e dependem da dimensão do rebaixamento e do grau de escoamento da albufeira, do regime das correntes e das ondas, bem como da quantidade e da granulometria dos sedimentos. Estes factores são fortemente influenciados pela localização geográfica da albufeira, pela sua dimensão e morfologia. Em cada albufeira particular, a natureza e a quantidade de materiais formadores de solo e a atividade hidrodinâmica das massas de água são factores determinantes.

Nos reservatórios de canal, a forma predominante de atividade hidrodinâmica são as correntes, nos reservatórios do tipo vale e lago - as ondas. Ao estudar as albufeiras, os solos de fundo foram divididos em três grupos principais:

a) solos primários inundados que não tenham alterado significativamente as suas propriedades;

б) solos inundados transformados que perderam em grande parte as suas propriedades anteriores;

в) solos secundários (cascalhos, areias, siltes, cuja formação é precedida de uma triagem prévia das suas partículas, e depósitos de macrólitos).

Os seixos, as areias de cascalho e as areias de grão grosso desenvolvem-se principalmente em albufeiras montanhosas e de sopé, sobretudo nos deltas dos rios que desembocam na albufeira. As areias, por formação, dividem-se em areias de canal, areias costeiras e areias de espaço aberto. As areias siltosas formam-se na fronteira da distribuição das areias, onde se observam alterações da atividade hidrodinâmica. Os sedimentos arenosos e cinzentos dividem-se, segundo a sua origem, em sedimentos de aluvião e sedimentos locais; os primeiros são formados a partir de sedimentos de aluvião introduzidos na albufeira, sendo o local da sua acumulação as zonas de afloramento, enquanto os sedimentos locais são formados principalmente a partir dos produtos da erosão da margem e do leito da albufeira. Os resíduos de turfa, a vegetação terrestre submersa, os produtos do transporte eólico e os restos da fauna e da flora aquáticas estão envolvidos na formação de todos os sedimentos.

Em função da atividade hidrodinâmica (correntes, ondas), a profundidade das areias destes reservatórios é variável.

O processo de reorganização do relevo submarino inicia-se em simultâneo com o enchimento da albufeira. A erosão e a deposição do fundo pelas correntes são mais frequentemente observadas em albufeiras de canal. A erosão resultante da atividade das ondas ocorre geralmente em zonas de água com profundidades não superiores a 8-10 m. O nivelamento do fundo, tanto em zonas de águas rasas como profundas, ocorre devido à deposição de sedimentos em depressões.

A partir da zona de agitação, o material em suspensão flui para a parte aberta da massa de água, onde se deposita no fundo, formando uma camada de sedimentos areno-lodosos ou siltosos. A sua maior espessura é observada nas depressões fechadas (lagos inundados, linhas de boi e depressões interdigitais). A espessura dos sedimentos diminui com a distância da margem e em direção à barragem.

O processo de formação do leito do reservatório, assim como o processo de formação das margens, é dividido em dois períodos:

- A formação do relevo submarino, acompanhada de uma maior ou menor entrada de sedimentos, e a estabilização do relevo submarino, que ocorre quando a entrada de sedimentos na albufeira é moderada;

Na segunda fase, as margens pouco profundas também sofrem um colapso intenso e formam-se os principais elementos do relevo do fundo; o nivelamento do fundo pelas ondas começa nas zonas de águas pouco profundas e na zona de águas profundas - planeamento do relevo primário. A duração desta fase pode exceder 2-4 décadas.

O segundo período caracteriza-se por uma diminuição acentuada da entrada de material por abrasão e um papel crescente das escorrências sólidas da bacia hidrográfica e dos produtos da vida aquática. Durante a primeira fase deste período, os processos de transporte sedimentar ao longo da margem e o desprendimento e enchimento das baías desempenham um papel preponderante na formação do leito da albufeira; verifica-se igualmente um crescimento lento das águas pouco profundas e completa-se a formação de um complexo de sedimentos de fundo. Durante a segunda fase, o relevo do leito da albufeira é formado pela acumulação de material acumulado cada vez mais longe da margem, o que contribui para o desprendimento gradual de algumas zonas da albufeira e para o nivelamento do relevo do fundo. A duração desta fase pode atingir várias centenas de anos.

Alterações significativas na formação dos sedimentos de fundo e, consequentemente, no relevo do leito ocorrem quando os reservatórios são dispostos em cascata. No caso de disposição contínua de reservatórios, a quantidade de escoamento sólido diminui sensivelmente em direção à foz do rio. O principal recetor do escoamento sólido é o reservatório superior, onde é acumulado. Todas as albufeiras a jusante recebem sedimentos em suspensão apenas durante a descarga em trânsito das cheias da primavera através da cascata e dos afluentes. Neste caso, o afluxo de escoamento sólido ao delta do rio é drasticamente reduzido.

Ao acumularem a grande maioria dos sedimentos, as albufeiras, e mais ainda as cascatas de albufeiras, reduzem drasticamente a quantidade de sedimentos que chegam aos deltas ou estuários.

A criação de albufeiras altera o regime de deslocação dos sedimentos. A natureza e a extensão destas alterações dependem de muitos factores: a dimensão da albufeira, o seu contorno em planta, a dimensão do rebaixamento da albufeira, a quantidade e a aspereza dos sedimentos transportados pelo rio, a extensão da reciclagem das margens e a capacidade de escoamento da albufeira, ou seja, a permutabilidade da água na albufeira, expressa pela relação entre o caudal médio anual e o volume total da albufeira

Devido à redução drástica da velocidade do caudal, ocorre uma deposição concentrada de sedimentos, geralmente de 0,25 mm ou mais, no canal de saída da albufeira, semelhante à observada na foz dos rios. Os sedimentos mais finos são depositados ao longo dos reservatórios e são parcialmente transportados para jusante. Quando as albufeiras são esvaziadas, o ponto onde a curva de remanso se desloca na direção da barragem, de modo que os sedimentos anteriormente depositados são erodidos e deslocados na mesma direção e, quando a albufeira é cheia, o ponto de deposição desloca-se novamente para montante. A deslocação periódica do local de deposição concentrada de sedimentos conduz ao enchimento do volume morto da albufeira. O retrabalhamento das margens e o transporte sedimentar ao longo da costa também contribuem para este facto.

Em alguns casos, os deslizamentos de terras e o colapso das margens têm um impacto significativo na sedimentação e assoreamento das albufeiras de montanha. A criação de albufeiras profundas, com um rebaixamento de nível grande (até 50-80 m) e relativamente rápido, leva à perturbação da estabilidade das suas margens de grande altura. Estas violações consistem no seguinte:

- pesagem das rochas durante o enchimento e o seu peso (devido à elevada saturação de água) durante a descarga;
- enfraquecimento da resistência das rochas e redução da sua resistência ao cisalhamento em resultado da alternância entre a saturação e a secagem da água, da meteorização, da lixiviação, etc;
- desenvolvimento da hidrodinâmica da pressão da água sobre as rochas do lado do planalto durante o rebaixamento do reservatório;
- o arrastamento da base dos taludes pelas ondas e pelas correntes.

Como resultado do impacto destes processos, os deslizamentos de terra existentes são activados e ocorrem novos deslizamentos de terra, atingindo por vezes proporções enormes.

No entanto, estima-se que as grandes albufeiras em rios de planície podem assorear-se em poucos séculos, enquanto as albufeiras criadas em rios de montanha, se não forem tomadas medidas adequadas a tempo, podem encher-se de sedimentos em poucas décadas e, por vezes, ainda mais rapidamente. O assoreamento das pequenas albufeiras de montanha é controlado através de descargas hidráulicas; em alguns casos, é necessário recorrer a meios mecânicos para limpar os sedimentos das albufeiras.

A deposição de sedimentos nas albufeiras altera o regime de caudal sólido nas zonas inferiores. A água clarificada erode intensamente o leito e as margens do rio nas zonas inferiores, causando assim uma remodelação significativa do canal do rio. À medida que a água fica saturada com sedimentos, a capacidade de erosão do rio diminui e, a uma certa distância da barragem, iguala-se aos valores domésticos.

O relevo submarino das albufeiras forma-se principalmente devido ao nivelamento do fundo pelas ondas e ao assoreamento das zonas baixas pelo desgaste que chega à albufeira em suspensão a partir do rio principal e dos seus afluentes e como resultado da reciclagem das margens. O processo de formação de cardumes submarinos ao longo das margens tem uma ritmicidade sazonal. O colapso dos bancos ocorre mais intensamente na primavera, e o crescimento e aplanamento dos bancos costeiros no verão. Estes processos ocorrem de forma diferente em diferentes partes das albufeiras. De acordo com o carácter do regime do canal, propõe-se dividir as grandes albufeiras fluviais em cinco zonas:

1) zona de águas profundas (represadas). Esta zona caracteriza-se pela maior subida do nível da água. Regra geral, a onda não deforma o fundo. É nesta zona que as margens e a zona costeira sofrem as maiores transformações. O retrabalhamento das margens está na origem de uma grande quantidade de sedimentos que formam cardumes, espigões e barras;

2) a zona de profundidades médias, que no âmbito do NPA difere pouco da primeira zona. No momento do rebaixamento, a albufeira desta zona continua a ser lacustre, mas torna-se pouco profunda; num certo número de secções, a onda interage ativamente com o fundo, nivelando-o; os canais e as canaletas são desviados. O retrabalhamento costeiro é mais lento do que na zona inferior, uma vez que a limpeza quase cessa durante o rebaixamento do reservatório;

3) a zona superior, que no âmbito do NPA é por vezes uma massa de água larga, mas pouco profunda, pelo que o desenvolvimento das ondas é fraco e a reconstituição das margens é lenta. Com o rebaixamento da albufeira, o espelho estreita-se até aos limites do canal doméstico. O processo de nivelamento do fundo pela ação das ondas é bastante ativo;

4) uma zona de eclipse do remanso, que pode ser um delta ou um rio, em função da altura dos níveis de repouso. O retrabalhamento das margens é ainda menos significativo. Os sedimentos de origem erosiva são trazidos pelo rio principal e pelos escoamentos laterais. Esta zona está praticamente ausente nas cascatas das albufeiras;

5) uma zona de pequenas baías em que não há deposição de sedimentos, tanto do lado da albufeira, formando uma barra, como do lado de cima (cone de escoamento). Entre elas cria-se uma lagoa. Nas

pequenas baías, a lagoa formada deposita-se progressivamente e o cone de escoamento liga-se à barra. O retrabalhamento da orla costeira é pouco importante.

Estas alterações no regime hidrológico e outros processos naturais resultantes da criação de albufeiras e da regulação do seu caudal têm um impacto significativo no sector da água. A importância económica nacional e as consequências da transformação do regime fluvial para o sector da água são abordadas na segunda secção do livro.

Capítulo 2: Estudo e generalização da experiência de exploração de albufeiras de canal a partir do exemplo do sistema hidroelétrico de Orto-Tokoi

2.1 Regime hidrológico e hídrico da albufeira

Os obstáculos artificiais incluem várias estruturas hidráulicas. Nos rios, essas estruturas incluem barragens e açudes. Uma barragem bloqueia todo o leito do rio e o seu vale e cria uma massa de água artificial chamada reservatório. As albufeiras são criadas não só para armazenar água, mas também para regular o caudal, ou seja, o movimento da água num rio.

O caudal é caracterizado pela quantidade de água que flui durante um período de tempo, por exemplo, um ano, um dia. A barragem de uma grande albufeira é uma unidade hidráulica complexa, que combina várias estruturas hidráulicas: uma central hidroelétrica (HPS), um vertedouro para esvaziar a albufeira, um vertedouro para descarregar água para evitar o enchimento excessivo da albufeira, uma saída para o fornecimento regulado de água (descargas) através da barragem e um dispositivo de passagem para peixes. Como resultado da interação das massas de água da albufeira com as suas margens, ocorre o assoreamento e a remodelação das margens. O assoreamento da albufeira é o processo de sedimentação da bacia da albufeira, e a remodelação das margens é a alteração da forma original dos taludes das margens devido à destruição da parte sobre a água dos taludes pelas ondas e à formação de cardumes. A zona de água adjacente à barragem, por cima e por baixo, é designada por aterro; por cima da barragem, aterro superior, e por baixo, aterro inferior. O nível de água que se forma na albufeira em resultado do refluxo, ou seja, da elevação do nível da água pela barragem, é designado por nível de refluxo.

O nível normal de água de cabeceira (NHL) é o nível de água de cabeceira mais elevado que pode ser mantido em condições normais de funcionamento da albufeira. O NPL é utilizado como base para as cartas de navegação da albufeira. O nível de volume morto (DWL) é o nível máximo admissível de rebaixamento (esvaziamento) do reservatório durante o transbordamento do reservatório, durante a estação de crescimento para irrigação de campos.

Enquanto nas albufeiras naturais interiores o balanço de cargas é dominado pelo material proveniente do escoamento superficial, na maior parte das albufeiras de planície, nos primeiros anos da sua existência, os sedimentos de fundo são formados principalmente a partir dos produtos da rotura das margens e do leito; com o tempo, a sua quantidade diminui e a carga proveniente do escoamento superficial começa a predominar.

Nas albufeiras de montanha com margens rochosas, este rácio é significativamente diferente; por exemplo, na albufeira de Ortokoy, a entrada média anual de solo proveniente da abrasão das margens é de apenas 9,1%, enquanto 89,8% provém do escoamento fluvial.

Os sedimentos que entram na albufeira distribuem-se pelo leito da albufeira e formam o complexo sedimentar do solo. A composição e a distribuição dos sedimentos de fundo nas albufeiras podem ser muito diversas e dependem da dimensão do rebaixamento e do grau de escoamento da albufeira, do regime das correntes e das ondas, bem como da quantidade e da granulometria dos sedimentos. Estes factores são fortemente influenciados pela localização geográfica da albufeira, pela sua dimensão e morfologia. Em cada albufeira particular, a natureza e a quantidade de materiais formadores de solo e a atividade hidrodinâmica das massas de água são factores determinantes.

Em reservatórios de zonas áridas localizados em desertos arenosos, o transporte bruto de sedimentos arenosos e poeirentos pode ser uma fonte importante de sedimentos.

Nas albufeiras de canal, a forma predominante de atividade hidrodinâmica são as correntes, nas albufeiras de vale e de lago - as ondas.

Figura 1. Vista do canal de fuga da albufeira

No estudo das albufeiras, os solos de fundo foram divididos em três grupos principais:

(a) Solos primários inundados que não tenham alterado significativamente as suas propriedades;

6) solos inundados transformados que perderam em grande parte as suas propriedades anteriores;

7) solos secundários (cascalhos, areias, siltes, cuja formação é precedida de uma triagem prévia das suas partículas, e depósitos de macrólitos).

Figura 2: Parte central, margem esquerda da albufeira

Figura 3: Parte central, margem direita da albufeira

Os seixos, as areias de cascalho e as areias de grão grosso desenvolvem-se principalmente em albufeiras montanhosas e de sopé, sobretudo nos deltas dos rios que desembocam na albufeira. As areias, por formação, dividem-se em areias de canal, areias costeiras e areias de espaço aberto. As areias siltosas formam-se na fronteira da distribuição das areias, onde se observam alterações da atividade hidrodinâmica. Os sedimentos arenosos e cinzentos dividem-se, segundo a sua origem, em sedimentos de aluvião e sedimentos locais; os primeiros são formados a partir de sedimentos de aluvião introduzidos na albufeira, sendo o local da sua acumulação as zonas de afloramento, enquanto os sedimentos locais são formados principalmente a partir dos produtos da erosão da margem e do leito da albufeira. Os resíduos de turfa, a vegetação terrestre submersa, os produtos do transporte eólico e os restos da fauna e da flora aquáticas estão envolvidos na formação de todos os sedimentos.

Em função da atividade hidrodinâmica (correntes, ondas), a profundidade das areias destes reservatórios é variável.

O processo de reorganização do relevo submarino inicia-se em simultâneo com o enchimento da albufeira. A erosão e a deposição do fundo pelas correntes são mais frequentemente observadas em albufeiras de canal. A erosão resultante da atividade das ondas ocorre normalmente em zonas de água com profundidades não superiores a 8-10m. O nivelamento do fundo, tanto em zonas de águas rasas como profundas, ocorre devido à deposição de sedimentos em depressões.

Da zona de agitação, o material em suspensão flui para a parte aberta da massa de água, onde se deposita no fundo, formando uma camada de sedimentos areno-siltosos ou siltosos. A sua maior espessura é observada em depressões fechadas (lagos inundados, linhas de boi e depressões interdigitais). A espessura dos sedimentos diminui com a distância da margem e em direção à barragem.

O processo de formação do leito do reservatório, assim como o processo de formação das margens, é dividido em dois períodos:

- A formação do relevo submarino, acompanhada de um maior ou menor aporte sedimentar, e a estabilização do relevo submarino, que ocorre quando o aporte sedimentar na albufeira é moderado;

Na segunda fase, as margens pouco profundas também sofrem um colapso intenso e formam-se os principais elementos do relevo do fundo; o nivelamento do fundo pelas ondas começa nas zonas de águas pouco profundas e na zona de águas profundas - planeamento do relevo primário. A duração desta fase pode exceder 2-4 décadas.

O segundo período caracteriza-se por uma diminuição acentuada da entrada de material por abrasão e um papel crescente das escorrências sólidas da bacia hidrográfica e dos produtos da vida aquática. Durante a primeira fase deste período, os processos de transporte sedimentar ao longo da margem e o desprendimento e enchimento das baías desempenham um papel preponderante na formação do leito da albufeira; verifica-se igualmente um crescimento lento das águas pouco profundas e completa-se a formação de um complexo de sedimentos de fundo. Durante a segunda fase, o relevo do leito da albufeira é formado pela acumulação de material acumulado cada vez mais longe da margem, o que contribui para o desprendimento gradual de algumas zonas da albufeira e para o nivelamento do relevo do fundo. A duração desta fase pode atingir várias centenas de anos.

Alterações significativas na formação dos sedimentos de fundo e, consequentemente, no relevo do leito ocorrem no caso de reservatórios dispostos em cascata. No caso da disposição contínua dos reservatórios, a quantidade de escoamento sólido diminui sensivelmente em direção à foz do rio. O principal recetor do escoamento sólido é o reservatório superior, onde é acumulado. Todas as albufeiras a jusante recebem sedimentos em suspensão apenas durante a descarga em trânsito das cheias da primavera através da cascata e dos afluentes. Neste caso, o afluxo de escoamento sólido ao delta do rio é drasticamente reduzido.

Ao acumularem a grande maioria dos sedimentos, as albufeiras, e mais ainda as cascatas de albufeiras, reduzem drasticamente a quantidade de sedimentos que chegam aos deltas ou estuários.

A criação de albufeiras altera o regime de deslocação dos sedimentos. A natureza e a extensão destas alterações dependem de numerosos factores: a dimensão da albufeira, o seu contorno em planta, a dimensão do rebaixamento da albufeira, a quantidade e a aspereza dos sedimentos transportados pelo rio, a extensão da reciclagem das margens e a capacidade de escoamento da albufeira, ou seja, a permutabilidade da água na albufeira, expressa pela relação entre o caudal médio anual e o volume total da albufeira

Devido à redução drástica da velocidade do caudal, a deposição concentrada de sedimentos, geralmente de 0,25 mm ou mais, ocorre no canal de fuga da albufeira, à semelhança do que se observa na foz dos rios. Os sedimentos mais finos são depositados ao longo dos reservatórios e são parcialmente transportados para jusante. Quando as albufeiras são esvaziadas, o ponto onde a curva de remanso se desloca na direção da barragem, de modo que os sedimentos anteriormente depositados são erodidos e deslocados na mesma direção e, quando a albufeira é cheia, o ponto de deposição desloca-se novamente para montante. A deslocação periódica do local de deposição concentrada de sedimentos leva ao enchimento do volume morto da albufeira. O retrabalhamento das margens e o transporte sedimentar ao longo da costa também contribuem para este facto.

Em alguns casos, os deslizamentos de terras e o colapso das margens têm um impacto significativo na sedimentação e assoreamento das albufeiras de montanha. A criação de albufeiras profundas, com um rebaixamento de nível grande (até 50-80 m) e relativamente rápido, leva à perturbação da estabilidade das suas margens de grande altura. Estas violações consistem no seguinte:

- pesagem das rochas durante o enchimento e o seu peso (devido à elevada saturação de água) durante a descarga;
- enfraquecimento da resistência das rochas e redução da sua resistência ao cisalhamento em resultado da alternância entre a saturação e a secagem da água, da meteorização, da lixiviação, etc;
- desenvolvimento da hidrodinâmica da pressão da água sobre as rochas do lado do planalto durante o rebaixamento do reservatório;
- o arrastamento da base dos taludes pelas ondas e pelas correntes.

Como resultado do impacto destes processos, os deslizamentos de terra existentes são activados e novos deslizamentos de terra são criados, atingindo por vezes grandes dimensões.

No entanto, estima-se que as grandes albufeiras em rios de planície podem assorear-se em poucos séculos, enquanto as albufeiras criadas em rios de montanha, se não forem tomadas medidas adequadas a tempo, podem encher-se de sedimentos em poucas décadas e, por vezes, ainda mais rapidamente. O assoreamento das pequenas albufeiras de montanha é controlado através de descargas hidráulicas; em alguns casos, é necessário recorrer a meios mecânicos para limpar os sedimentos das albufeiras.

A deposição de sedimentos nas albufeiras altera o regime de caudal sólido nas zonas inferiores. A água clarificada erode intensamente o leito e as margens do rio nas zonas inferiores, causando assim uma remodelação significativa do canal do rio. À medida que a água fica saturada de sedimentos, a capacidade de erosão do rio diminui e, a uma certa distância da barragem, iguala-se aos valores domésticos.

O relevo submarino das albufeiras forma-se principalmente devido ao nivelamento do fundo pelas ondas e ao assoreamento das zonas baixas pelo desgaste que chega à albufeira em suspensão a partir do rio principal e dos seus afluentes e como resultado da reciclagem das margens. O processo de formação de cardumes submarinos ao longo das margens tem uma ritmicidade sazonal. O colapso dos bancos ocorre mais intensamente na primavera, e o crescimento e aplanamento dos bancos costeiros no verão. Estes processos ocorrem de forma diferente em diferentes partes das albufeiras. De acordo com o carácter do regime do canal, propõe-se dividir as grandes albufeiras fluviais em cinco zonas:

1) zona de águas profundas (represadas). Esta zona caracteriza-se pela maior subida do nível da água. Regra geral, a onda não deforma o fundo. É aqui que as margens e a zona costeira sofrem as maiores transformações. A remodelação das margens está na origem de uma grande quantidade de sedimentos que formam cardumes, espigões e barras;

2) a zona de profundidades médias, que, no âmbito do NPA, pouco difere da primeira zona. No momento do rebaixamento, a albufeira desta zona permanece lacustre, mas torna-se pouco profunda; num certo número de secções, a onda interage ativamente com o fundo e nivela-o; os canais e as canaletas são desviados. O retrabalhamento costeiro é mais lento do que na zona inferior, uma vez que a limpeza quase cessa durante o rebaixamento do reservatório;

3) a zona superior, que no âmbito do NPA é por vezes uma massa de água larga, mas pouco profunda, pelo que o desenvolvimento das ondas é fraco e a reconstituição das margens é lenta. Com o rebaixamento da albufeira, o espelho estreita-se até aos limites do canal doméstico. O processo de nivelamento do fundo pelas ondas é bastante ativo;

4) uma zona de eclipse do remanso, que pode ser um delta ou um rio, em função da altura dos níveis de repouso. O retrabalhamento das margens é ainda menos significativo. Os sedimentos de

origem erosiva são trazidos pelo rio principal e pelos escoamentos laterais. Esta zona está praticamente ausente nas cascatas das albufeiras;

5) uma zona de pequenas baías em que não há deposição de sedimentos, tanto do lado da albufeira, formando uma barra, como do lado de cima (cone de escoamento). Entre elas cria-se uma lagoa. Nas pequenas baías, a lagoa formada deposita-se progressivamente e o cone de escoamento liga-se à barra. O retrabalhamento da orla costeira é pouco importante.

Estas alterações no regime hidrológico e outros processos naturais resultantes da criação de albufeiras e da regulação do seu caudal têm um impacto significativo no sector da água. A importância económica nacional e as consequências da transformação do regime fluvial para os sectores da água são abordadas na segunda secção do livro.

2.2 Deformação de canais nas zonas superiores das albufeiras

As correntes nas albufeiras são geradas pelo vento e pelo fluxo de água. As correntes de vento são observadas longe das margens e as suas velocidades são relativamente baixas. As correntes de escoamento dependem do local da albufeira e do período de crescimento. Na parte inferior da albufeira, os caudais podem ser bastante rápidos durante as cheias da primavera e as descargas das barragens. Durante as cheias, a velocidade do escoamento nas partes estreitas da albufeira pode ser comparável à dos rios.

As tentativas de caraterização do escoamento na bacia da albufeira não deram os resultados completos e pormenorizados desejados devido à imperfeição do método de registo da direção e das magnitudes das velocidades em condições de excitação constante da superfície da água e de ventos que atingem uma média de 3 pontos.

Os flutuadores utilizados, bem como o sistema giratório especial de Alexeev, distorceram a ideia da imagem real das correntes por baixo do centro.

pela influência do mais pequeno vento. Por conseguinte, estes trabalhos foram realizados numa altura em que se verificava uma mudança na direção do vento.

O carácter das correntes foi determinado em três enchimentos da albufeira.

Os dados sobre as taxas de entrada de água e de descarga e os comprimentos das curvas de remanso na albufeira de Orto-Tokoy durante os inquéritos são apresentados no Quadro 1.

Na marca de água na albufeira 727.3m, depois de três vezes de enchimento e descarga da marca acima, as velocidades de fluxo na secção da curva de remanso em cunha (a uma distância de 5000m da barragem) eram de 1.4 -1.1m/seg contra as velocidades do rio doméstico de 2.4 -2.7m/seg. A jusante da estação inicial, a 330m, as velocidades diminuem para 0,8m/seg e ainda mais abaixo, a

260m, tornam-se iguais a 0,6m/seg. É de notar que os valores mais elevados de velocidade nas estações consideradas são observados nas secções do leito do rio inundado, e os valores mais baixos nas secções da planície de inundação inundada.

Comprimentos das curvas de encosto

Tabela 2.1.

ano	Data da filmagem	Horizonte de água do reservatório	Caudal de entrada, m^3/seg	Descarga do reservatório, m^3/seg	Comprimento da curva de remanso, m
2006	25.07 -10.07	727,3	55,0	60,0	5020
2007	19.07 -25.07	741,5	48,5	71,0	10600
2008	6.07 -12.07	748,8	30,0	115,0	12200

Este padrão de distribuição de velocidade é observado a uma descarga do rio de 55.0m^3/s e a uma descarga de 60.0m^3/s.

№ Ao nível da água na albufeira 741.5m, a velocidade do caudal na secção da curva de remanso (acima do local da barragem 10600m) e abaixo de 120m (local 8) diminui para 2.0m/seg contra a velocidade do caudal do rio doméstico de 2.8-3.0m/seg.

Abaixo do local 8, a 700 metros, as velocidades não excedem 0,35 -0,06 m/s e no local 6 diminuem para 0,045 -0,06 m/s.

Uma dinâmica semelhante de distribuição de velocidades na zona de encravamento da curva de remanso é observada quando a albufeira é enchida até à marca 748.8. Enquanto as velocidades de escoamento em condições domésticas flutuam no intervalo de 2.5 -2.8m/seg (local 12), a jusante a 1200m (local 11) as velocidades diminuem para 1.4 -1.6m/seg e na zona de encravamento da curva de remanso entre os locais 9 e 10 na distância da barragem 12200m diminuem para 0.6 -0.8m/seg, na vizinhança imediata do local 9 as velocidades atingem 0.1 -0.08m/seg.

Note-se que as velocidades e direcções das correntes foram medidas com a corda do engenheiro Alekseev. No entanto, devido à utilização intensiva desta corda e à imperfeição das instalações de natação, este trabalho foi efectuado apenas entre as estações 11 e 9.

Quando a albufeira está cheia até 727,3 (volume morto) e a descarga de trânsito é de 55m^3/seg, as velocidades aumentam significativamente apenas na vizinhança imediata da barragem. Assim, se no local 4 (4000m da barragem) as velocidades são de 0,008m/seg, a uma distância de 300m da barragem são de 0,2 - 0,3m/seg, a uma distância de 60m - 0,5m/seg e imediatamente a montante do túnel de exploração 1,3 - 1,8m/seg.

Dos resultados da análise dos dados relativos ao regime de velocidades na albufeira, conclui-se que as velocidades de escoamento mais elevadas nos diferentes escalões da albufeira são observadas acima do canal doméstico inundado.

Este padrão de correntes indica a presença de uma grande capacidade de zonas de estagnação (na planície de inundação) ao longo do comprimento da albufeira, nas quais são obviamente criadas condições favoráveis para a sedimentação das partículas mais finas de sedimentos em suspensão.

Este facto é confirmado pela grande espessura da camada de assoreamento total nas zonas de estagnação. É de notar que a deposição de sedimentos em suspensão ocorre a uma distância bastante curta da zona onde a curva de refluxo se projecta. A uma descarga do rio de 48.5m^3/sec (20 de julho) e com a albufeira cheia até 741.8m, a distribuição da turbidez era a seguinte

Tabela 2.2.

Turbidez na zona de encravamento

medidores	8	8 - 270	8 - 800	8 - 950	8 - 1200	7
Turbidez, gr.litro.	0,28	0,24	0,22	0,015	0,013	água limpa

Uma deposição semelhante de sedimentos em suspensão pode ser observada noutros enchimentos da albufeira. A deposição quase completa de sedimentos em suspensão ocorre a uma distância de 800-1200m da zona onde a curva de remanso se projecta (dentro dos alcances 5-12) a velocidades de fluxo de cerca de 0,2m/s e menos.

A distribuição irregular dos sedimentos em suspensão ao longo do comprimento e da largura da albufeira explica-se igualmente pelas fortes flutuações dos horizontes hídricos da albufeira. Quando a albufeira é rebaixada, uma parte dos sedimentos em suspensão é transportada para jusante e depositada nas zonas de menor velocidade da água.

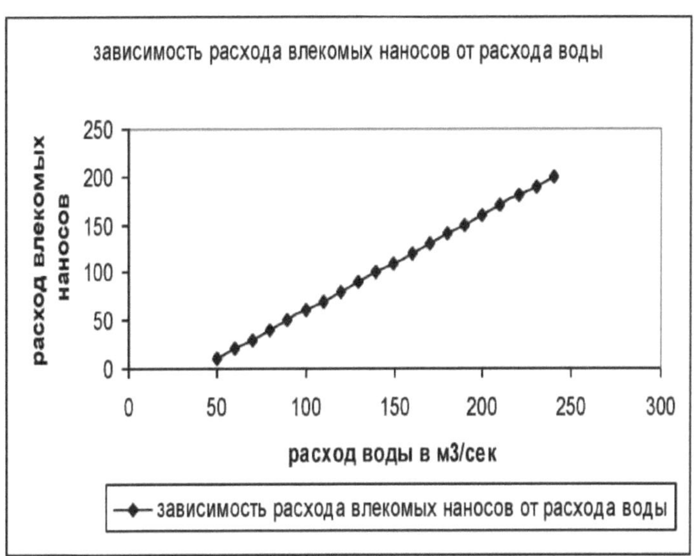

Figura 4: Dependência da carga sedimentar do caudal de água

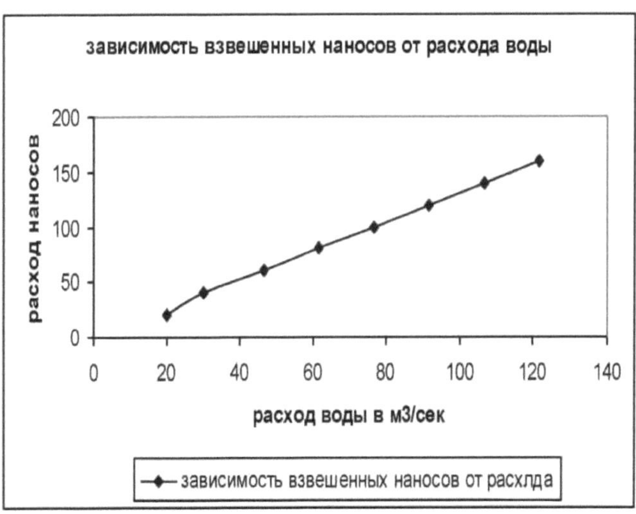

Figura 5: Dependência dos sedimentos em suspensão do caudal

2.3 Deformação do canal a jusante e alteração das condições naturais zonas adjacentes à albufeira do aproveitamento hidroelétrico

As alterações na paisagem e a transformação do regime fluvial pelas albufeiras dos vales fluviais têm um impacto significativo nas alterações do ambiente natural das áreas adjacentes. O impacto das albufeiras no ambiente natural é extremamente diversificado. Pode manifestar-se direta e indiretamente, pode ser positivo e negativo, permanente e temporário.

A criação de reservatórios provoca uma série de alterações nas condições naturais e na economia da zona afetada:

- inundações;

- alagamento e erosão das terras utilizadas como terras agrícolas e das terras onde se situam as povoações, os caminhos-de-ferro e as auto-estradas, o que conduz à rutura das relações económicas e outras estabelecidas;

- aumento do nível das águas subterrâneas no território adjacente;

- encharcamento das terras e alterações no solo e no coberto vegetal;

- alterações das condições climáticas (acima da albufeira e nas margens) e das condições higiénico-sanitárias na zona da albufeira.

Na albufeira superior, estas alterações são mais pronunciadas na parte inferior da albufeira, onde a queda, a massa de água e a largura do espelho atingem os valores mais elevados para a albufeira, e menos pronunciadas na zona de encabeçamento, onde as alterações em relação às condições naturais são menos significativas ou não são de todo detectáveis.

A criação de albufeiras, que alteram o regime fluvial, causa perturbações das condições naturais e do ambiente económico também no vale do rio a jusante do esquema hidroelétrico. Estas alterações manifestam-se, em maior ou menor grau, numa grande extensão. O impacto da regulação do caudal fluvial da albufeira reflecte-se igualmente na natureza e na economia dos estuários dos mares e dos lagos, nos quais desaguam os rios regulados. Quando um rio é recuado, o seu espelho de água expande-se consideravelmente.

A reforma das margens de uma albufeira é entendida como o processo de formação de uma nova margem em resultado da erosão, colapso, deslizamento de terras, queda de rochas, escombros, subsidência e outras deformações do relevo na zona de um novo corte de água, bem como da deposição de rochas erodidas e colapsadas e de sedimentos trazidos pelo rio e seus afluentes. A extensão da reforma das margens é significativa; a abrasão cobre mais de 50 por cento do comprimento das margens de muitas albufeiras. Quando as margens das albufeiras são compostas de areia ou loess, cada tempestade nos primeiros anos após o enchimento da albufeira faz com que a margem recue de 1-5 para 10-15 metros. A natureza e a extensão da reforma das margens são influenciadas por uma série de factores:

- regime hidrológico da albufeira;

- factores geológicos e geomorfológicos;
- atividade económica humana.

A libertação de água da albufeira descarregada com sedimentos resulta numa deformação geral do leito do rio no trecho inferior. A alteração da posição do fundo médio do leito do rio no trecho inferior foi determinada pelo levantamento vertical de 25 secções transversais num trecho de 29,4 km a partir do portal de saída do túnel.

Os dados do cálculo do volume de escoamento e detritos por estações de acordo com o levantamento vertical da albufeira de Orto-Tokoy são apresentados nas Tabelas 2.3, 2.4, 2.5.

Volumes de detritos no canal a jusante da barragem de Orto-Tokoy para o período de 2007.

Tabela 2.3.

N.º de veios	Crescimento da barragem M	profundidade média		Área		Área média		O volume de descarga é de MIL. M	O volume de escombros z MIL. M	diferença z MILHARES. M
		lavagem, M	entulho, M	esfregaço M^2	entulho M^2	esfregaço M^2	entulho M^2			
1	2	3	4	5	6	7	8	9	10	И
13	1590									
14-15	2180	0,00	0,00	0,00	0,00	1,45	0,55	1,02	0,38	-0,64
16	2880	0,08	0,03	2,90	1,10	3,45	0,55	4,47	0,71	-3,76
17	4180	0,10	0,00	4,80	0,00	4,40	0,00	9,70	0,00	-9,70
18	6380	0,085	0,00	4,10	0,00	3,50	4,35	9,10	11,30	2,20
19	8980	0,08	0,22	3,00	8,70	2,50	4,45	7,00	11,70	4,70
20	11680	0,08	0,005	2,10	0,20	6,95	0,35	13,90	0,70	-13,20
21	13680	0,15	0,003	11,80	0,50	7,00	11,50	15,40	25,30	9,90
22	15880	0,02	0,17	2,20	22,50	2,60	11,25	6,50	28,10	21,60
23	18380	0,08	0,00	3,00	0,00	2,70	0,00	9,40	0,00	-9,40

24	21880	0,065	0,00	2,50	0,00	2,65	0,00	10,40	0,00	-10,40
25	25880	0,02	0,00	2,80	0,00	1,40	0,00	4,90	0,00	-4,90
26	29380				0,00					
	Total							91,8	78,1	-13,7

- lavagem + entulho

Escorrimento e detritos no canal a jusante da barragem de Orto-Tokoy para o período 2007-2008.

Tabela 2.4.

N.º de veios	Crescimento da barragem	profundidade média		Área		Área média		Volume de descarga	Volume dos detritos	diferença
		erosões	entulho	erosões	entulho	erosões	entulho			
	M	M	M	M^2	M^2	M^2	M^2	3 MILHARES. M	3 MILHARES. M	3 MILHARES. M
1	2	3	4	5	6	7	8	9	10	И
4	100	1,16		40,00		19,75		0,99		-0,99
5	150	0,64		19,50		10,225		0,51		-0,51
6	200	0,05		1,30		5,00		0,50		-0,50
7	300	0,31		8,70		4,30		0,43		-0,43
8	400					1,75		0,18		-0,18
9	500	0,17		3,50		2,575		0,52		-0,52
10	700	0,066		1,65		1,15		0,59		-0,59
12	1300	0,02		0,65		0,33		0,07		-0,07
13	1590			0,00		1,33		0,78		-0,78
14-15	2180	0,087		2,60		3,15		2,21		-2,21
16	2880	0,10		3,70		2,15		2,80		-2,80
17	4180	0,01		0,60	0,00	0,30	1,05	0,66	2,30	1,64
18	6890		0,04	0,00	2,10	0,00	3,05	0,00	7,90	7,90
19	8980		0,01	0,00	4,00	0,05	2,70	0,14	7,30	7,16
20	11680	0,002	0,030	0,10	0,15	0,05	3,20	0,10	6,40	6,30
21	13680		0,034	0,00	5,00	1,125	2,50	2,48	5,50	3,02
22	15880	0,002		2,25	0,00	1,275	0,00	3,19	0,00	-3,19
23	18380	0,007		0,30	0,00	0,15	1,60	0,53	5,60	5,07
24	21880		0,08	0,00	3,20	0,425	2,05	1,70	8,20	6,50

25	25880	0,007	0,007	0,85	0,90	0,425	2,05	1,70	8,20	6,50
26	29330					0,425	0,45	1,5	1,5	0,00
	Total							19,9	44,7	24,8

Escorrimento e detritos no canal a jusante da barragem de Orto-Tokoy para o período 2008-2009.

Tabela 2.5.

N.º de veios	Crescimento da barragem	profundidade média		Área		Área média		Volume de descarga	Volume de detritos	diferença
		erosões	entulho	erosões	entulho	erosões	entulho			
	M	M	M	M^2	M^2	M^2	M^2	3 MILHARES. M	3 MILHARES. M	3 MILHARES. M
1	2	3	4	5	6	7	8	9	10	И
4	100	0,04		1,40		1,85		0,09		-0,09
5	150	0,07		2,30		1,150		0,06		-0,06
6	200			0,00		1,20		0,12		-0,12
7	300	0,09		2,40		4,00		0,40		-0,40
8	400	0,35		5,60		4,00		0,40		-0,40
9	500	0,12		2,40		1,20		0,24		-0,24
10	700			0,00		1,45		1,27		-1,27
13	1590	0,63		2,90		2,65		1,59		-1,59
14-15	2180	0,080		2,40		2,40	0,55	1,68	0,38	-1,30
16	2880	0,07	0,03	2,40	1,10	1,25	1,35	1,62	1,75	0,13
17	4180	0,00	0,03	0,10	1,60	0,05	1,60	Ah, e	3,50	3,39
18	6380		0,001	0,00	0,60	3,10	2,70	8,00	7,00	-1,00
19	8980	0,15	0,07	6,20	2,80	3,10	1,40	8,40	3,70	-4,70
20	11680			0,000	0,00	0,80	0,50	1,60	1,00	-0,60
21	13680	0,01	0,007	1,55	1,00	2,200	1,20	4,85	2,60	-2,25
22	15880	0,020	0,01	2,90	1,50	1,450	0,75	3,60	1,87	-1,73
23	18380			0,00	0,00	1,00	0,25	3,50	0,88	-2,62
24	21880	0,024	0,013	2,00	0,50	1,000	1,25	4,00	5,00	1,00
25	25880		0,016	0,00	2,00	0,800	1,00	2,80	3,50	0,70

26	29330	0,04		1,60	0,00				0,00
	Total						44,33	31,18	-13,15

Apenas a secção entre as estações 19 e 26 a 9km e 29km foi considerada deformada. № A Tabela 2.3 mostra que o volume total de erosão foi de 91.8tm^3 e os detritos 78.1tm^3. A maior depressão do fundo foi observada entre as estações 19 e 23 e é de 0.1 - 0.15m, noutras estações, pelo contrário, o leito do rio está sobrecarregado, o que é mais pronunciado nas estações 19 - 22, onde a altura média da sobrecarga atinge 0.17 - 0.22m.

A deformação adicional do canal do rio é apresentada no Quadro 2.4.

O volume total de detritos no canal do rio foi de 44.7tm^3. O volume de erosão totalizou 19.9tm^3. O maior volume de erosão foi observado nas secções 13 - 19 e 21 - 23 e a profundidade média da erosão é de cerca de 0.1m, enquanto que uma secção significativa do rio das estações 17 a 25 foi afetada por detritos e a altura média dos detritos foi também de 0.1m.

Durante o período 2007 - 2008, ocorreu uma deformação significativa na secção entre os gabaritos 13 - 24, onde a profundidade média da erosão do canal entre os gabaritos 18 - 24 é de 0,1m e a altura média dos detritos nos gabaritos 16 - 17 não excede 0,05m. O volume total de erosão foi de 44,3tm^3 e 31,2tm^3, ou seja, os sedimentos do canal foram arrastados.

Deformações mais significativas do canal do rio ocorreram na secção entre as estações 16 e 26, com erosão intensa entre as estações 16 e 20 e detritos entre as estações 24 e 26.

A profundidade média da erosão é de 0.1m e a altura média do bloqueio é de 0.08m, com um volume total de 147.34tm$^{(3)\ de}$ erosão e 141.04tm^3 de bloqueio. Estas deformações do canal fluvial ocorrem em condições de duração e dimensão variáveis das descargas da albufeira.

A análise dos materiais de investigação e dos dados de observação permite-nos tirar as seguintes conclusões:

- as temperaturas médias mensais da região de Orto-Tokoi excedem em média os dados da região de Kochkor em +4^{0}C, enquanto a quantidade de precipitação na zona do reservatório é 2,7 vezes inferior à do vale de Kochkor.

Plano do canal do rio Chu a jusante e a montante da barragem de Orto-Tokoy

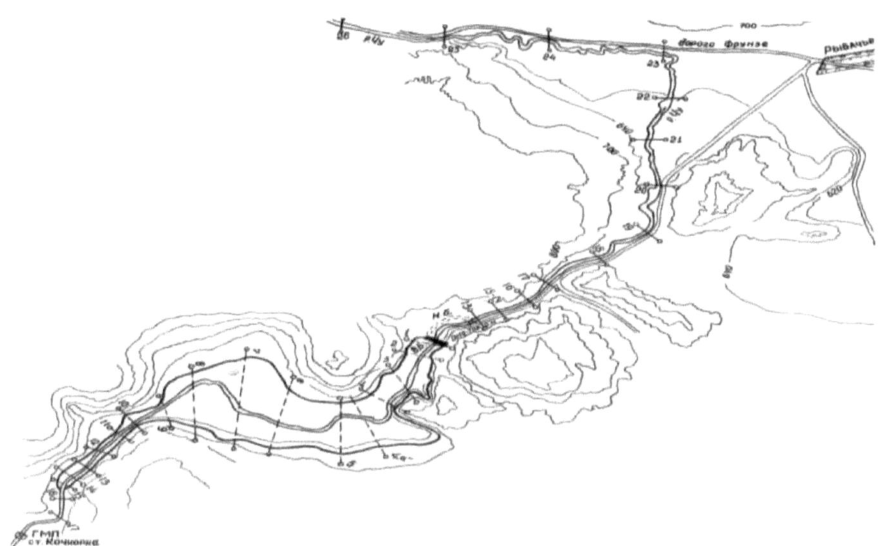

Figura 6. Plano do canal do rio Chu a jusante e a montante da barragem de Orto-Tokoy

- As temperaturas médias mensais máximas do ar ocorrem em maio-agosto e atingem +27, +31$^{(0)}$C.

- No âmbito dos cálculos do balanço hídrico, a precipitação média anual da área delimitada pelo posto e barragem de Kochkor deve ser considerada como 5 milhões de m^3 e a evaporação da superfície da água da albufeira de Orto-Tokoy como 17 milhões de m^3;

- o cálculo da evaporação da superfície da água da albufeira de acordo com as observações meteorológicas (défice de humidade), deve ser efectuado utilizando a dependência $E = 0{,}65\Sigma d$, que dá os resultados que mais se aproximam das observações in-situ;

- As velocidades de fluxo mais elevadas ao longo do comprimento da albufeira em diferentes enchimentos são observadas acima do canal doméstico inundado. As condições favoráveis para a sedimentação de sedimentos em suspensão são criadas nas zonas inundadas da planície de inundação;

- A descarga anual de sedimentos e de sedimentos em suspensão é, em média, de cerca de 244 000 m^3, ou seja, cerca de 1/88 do volume morto da albufeira;

- A libertação da água descarregada da albufeira provoca uma deformação geral do canal de desvio. A deformação mais intensa ocorreu na secção entre os locais 13 e 26, que distam respetivamente 1580 e 29380 da barragem;

- O volume médio anual de erosão devido à auto-pavimentação do leito do canal é pequeno e deixa cerca de 6 a 13 mil metros [3];

- a erosão ocorre devido ao rebaixamento do leito do rio e à deformação das margens;

- em resultado da lavagem das partículas finas que compõem o canal, o diâmetro médio dos sedimentos aumenta de 10 a 20% por ano;

- Estas deformações globais insignificantes do canal de desvio indicam que não há necessidade de recear elevações perigosas do leito do rio diretamente atrás do portal de saída do túnel e na zona da boca de descarga catastrófica e mesmo com grandes descargas da albufeira.

2.4 Exploração da albufeira no período 2004-2007

O enchimento da albufeira para acumulação de água para rega foi efectuado de 13 de abril a 31 de maio, tendo sido acumulados 65mn^3 ou 14,5% do volume de projeto. O nível máximo de água a montante da barragem atingiu 738,2m e a albufeira foi esvaziada de 27 de abril a final de julho de 2006, após o que o caudal que entrava na albufeira era descarregado a jusante através do portal do túnel de construção.

O enchimento de 2006 foi efectuado fechando a abertura do portal. A abertura do portal foi aberta à medida que os horizontes de água se esgotavam e o caudal de descarga aumentava.

A acumulação em 2007 foi efectuada de 28 de fevereiro a 16 de maio. O nível da água atingiu 739,6 m. A água foi descarregada a jusante a um ritmo de 20 a 80 m^3/seg (agosto). Durante o período de cheia (até 14 de junho), a albufeira encheu até ao seu máximo (à cota 740) com um volume de 84,4 milhões de m3. O método de fecho e abertura do portal do túnel de construção foi semelhante ao anterior.

Num curto período (13 dias), passou de um máximo de 744,2 para 720,9 (6 de maio).

Esvaziar o reservatório

Data	Descarga de água em m^3/seg	Data	Descarga de água em m^3/seg
17.04	110,0	5.06.	43,0
18.04	156,0	7.06	0,6
21.04	138,0	3.06	3,5
30.04	103,0	4.06	15,0

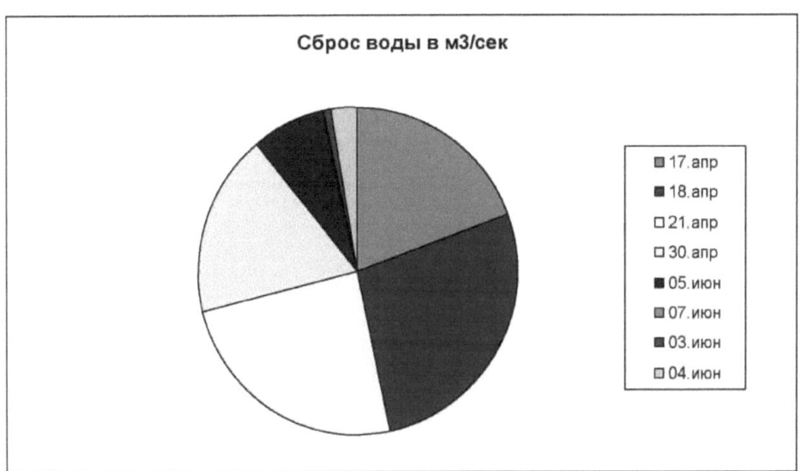

Figura 15.

Quando a albufeira estava cheia, o horizonte de água atingiu o nível de 745,3 m. A água foi descarregada do reservatório de acordo com o plano de utilização da água.

O nível máximo de água da albufeira em 2007, de 747,3 e um volume de 177 milhões de m(3), data de 7 de junho. O reservatório foi descarregado por manipulação, primeiro pela emergência e depois pelas comportas de cone do túnel de produção. H

As acumulações na albufeira durante todo o período de funcionamento continuam de outubro a março até ao nível de 752,2 m e o volume até 273,2 milhões de m3. Do início de março a junho, a água da albufeira é descarregada para o volume inferior. Durante as cheias, as descargas são insignificantes (30-70m^3/s), pelo que a albufeira é enchida posteriormente e o nível máximo atinge 754,1m (meados de junho) e o volume de água é de 311,2 milhões de m3. A redução dos volumes acumulados continua até 19 de setembro, após o que se inicia novamente o enchimento. Em janeiro de 2006, o volume de água na albufeira atingiu 268,0 milhões de m3 , com um nível de água de 751,97m.

Para manter estes horizontes de água e assegurar o funcionamento da UHE, de novembro a maio de 2007, procedeu-se ao rebaixamento parcial da albufeira com caudais de 10 a 18m^3/s.

Desde 13 de maio de 2008, devido ao verão seco, a albufeira tem descarregado água de forma intensa (35 - 115 m^3/seg). Se a 13 de maio o horizonte máximo de água da albufeira era de 754,7m com um volume de 314,0 milhões de m3, em setembro o horizonte de água desceu para 728,5 com um volume de apenas 11,4 milhões de m3. A acumulação subsequente da albufeira teve início em outubro e prolongar-se-á até 13 de março. A libertação da albufeira de 13 de março a 6 de junho será de 3,5m^3/seg., pelo que a albufeira está a encher.

O nível máximo de água em 2005 ocorreu a 14 de junho e atingiu 756,75 m, sendo o volume acumulado na albufeira de 356,65 milhões de m3. A albufeira foi esvaziada até ao horizonte do volume morto num curto espaço de tempo, de 15 de junho a 15 de setembro, após o que se iniciou o enchimento da albufeira, atingindo um volume de 210 milhões de ^{m3} no dia 1 de janeiro, a uma cota do nível freático de 749,01m. Os dados sobre a dinâmica de enchimento e esvaziamento da albufeira para o período 2004-2007 são apresentados nas Figuras 16 e 17.

Figura 16. Dinâmica de enchimento do reservatório.

Figura 17. Esvaziamento do reservatório.

2.5. Fluxo do rio e padrões de fluxo de água

O fluxo de água nos rios é causado pelo gradiente da superfície da água desde a nascente até à foz: quanto maior o gradiente, maior a velocidade do fluxo. Esta velocidade depende também da profundidade média, da sinuosidade e da rugosidade do canal. É diferente nos espigões e nos rápidos: em águas baixas, é maior nos rápidos e em águas altas - nos espigões. A velocidade do caudal diminui desde a nascente até à foz do rio. A velocidade do caudal de um rio é a velocidade média dos jactos individuais do caudal do rio. As velocidades dos jactos não são as mesmas em diferentes pontos da secção transversal do curso de água, cuja área é designada por secção viva do canal do rio. A velocidade do jato é máxima acima do ponto mais profundo perto da superfície da água, num ponto a cerca de 0,2 de profundidade da superfície. A partir deste ponto, a velocidade do jato diminui em direção ao fundo do rio e às suas margens. Na superfície da água, a velocidade dos jactos é máxima acima do ponto mais profundo. A linha que liga os pontos da superfície da água com as velocidades de jato mais elevadas e com a maior profundidade do canal é designada por tronco do rio. Nas curvas do canal, em simultâneo com o fluxo ao longo do mesmo, ocorre também um fluxo transversal: à superfície - em direção à margem côncava, no fundo - em direção à convexa. Assim, nas secções curvilíneas do rio, o fluxo de água parece "enroscar-se" ao longo do canal a jusante. Este fluxo de água em forma de parafuso "deriva" o leito do rio para mais perto da margem côncava. Assim, em secções rectilíneas do rio, a velocidade do fluxo é maior no meio do canal, em secções curvilíneas - mais perto da margem côncava. Quando o nível da água muda, duas correntes transversais adicionais aparecem entre o meio do rio e as suas margens. Quando a água sobe, estas correntes na superfície da água são direcionadas do meio para as margens, no fundo - das margens para o meio, e no meio do rio - de baixo para cima. Quando a água recua, é o contrário. Todos os rios são afectados pela deposição de sedimentos. O tipo mais caraterístico de deposição de sedimentos é o espeto, que se forma na margem convexa sob a forma de uma cunha que corre em ângulo para jusante. O espeto afunda-se gradualmente sob a água, estendendo-se até ao canal do rio. Os depósitos de sedimentos no canal podem ser subaquáticos ou sobreaquáticos. Rolos. Trata-se de um depósito estável de sedimentos sob a forma de uma berma que atravessa o canal do rio (frequentemente designado por vau). É o principal fator que complica a navegação nos rios. Na maioria das vezes, os rolos estão localizados em locais onde o fluxo de água faz a transição de uma curva para outra. Em águas altas, as direcções do fluxo são paralelas às margens dos rolos, em águas baixas - dependendo das suas caraterísticas. Por exemplo, a formação de uma corrente de pântano depende da forma do embasamento: por exemplo, num overkat com um embasamento plano, o caule bem definido do rio coincide com o eixo da calha e não há correntes de pântano. Os materiais sólidos são transportados pelos rios de três formas: dissolvidos, suspensos e arrastados pelo fundo. O primeiro método quase não desempenha nenhum papel na formação de placers, o segundo desempenha um papel muito subordinado (no caso do transporte de ouro em bruto), e o terceiro é o principal. A principal massa de material sólido é transportada pelo rio durante as cheias. Nessa altura, a quantidade de água e a velocidade do seu fluxo são tão grandes que o rio põe em movimento uma camada considerável de sedimentos que cobre o seu leito. Esta camada de sedimentos em movimento tem geralmente vários decímetros de espessura, por vezes 1-2 metros. É constituída por seixos imersos numa mistura líquida de água, areia e partículas de lama, ou seja, uma espécie de fluxo de lama. Nas suas partes inferiores, tem uma consistência mais espessa, que se torna gradualmente mais líquida nas partes superiores da camada. A velocidade de deslocação também se altera da mesma forma: é mínima (até zero) nas partes inferiores da camada e máxima no topo. Quanto maior for a cheia, ou seja, quanto maior for a massa de água e a velocidade da corrente, maior será a força da camada de leito em movimento. O movimento dos seixos e das partículas maiores não se faz tanto por rolamento como por deslizamento de uma camada sobre outra. É evidente que, durante este movimento, os metais valiosos, bem como os minerais cada vez mais pesados, encontram inevitavelmente o seu caminho para as partes mais baixas da camada em movimento e concentram-se na parte mais lenta da camada, que tem apenas alguns centímetros de espessura. Assim, já no próprio processo de transporte de material sólido, são separadas duas camadas, com e sem minerais pesados, que são como protótipos de areias e turfas. Assim que a água alta recua, ou seja, a sua massa e velocidade de fluxo diminuem, o movimento dos sedimentos de fundo é imediatamente enfraquecido. A parte inferior dos sedimentos, por assim dizer as proto-areias, torna-se imóvel e fixa. À medida que a água recua, as partes superiores da camada móvel fixam-se e a sua força diminui. Durante a baixa-mar, o movimento do sedimento de fundo quase cessa e ocorre principalmente por rolamento sobre o fundo de seixos individuais. Na cheia seguinte, os sedimentos estão de novo em movimento. Se esta cheia for de magnitude igual ou superior à anterior, a camada que contém o metal valioso deslocar-se-á. Se a cheia for de menor magnitude, esta camada não se move. Mesmo neste caso, porém, a parte mais baixa da camada de leito em movimento pode conter metal valioso, desde que seja trazido de montante. Quando as águas altas recuam, esta nova camada contendo metal acumula-se também sobre a anterior. Se um determinado troço de curso de água estiver em fase de acumulação de sedimentos, ou seja, se a quantidade de material trazido for superior à retirada e se a espessura total dos sedimentos aumentar gradualmente, a camada portadora de metais acumular-se-á de ano para ano, fixando a parte mais baixa dos sedimentos de fundo em movimento. Esta acumulação, que se prolonga ao longo dos séculos, conduz à formação de uma camada mais ou menos espessa de areias metálicas. A acumulação de areias dura até ao momento em que cessa o afluxo de metais valiosos provenientes das zonas a montante do rio. Depois disso, as turfas, ou seja, o mesmo sedimento mas sem o teor de metal valioso, acumulam-se da mesma forma. Se todas as cheias tivessem exatamente a mesma magnitude, todos os anos seria consolidada uma parte igual e muito pequena da camada de carga do leito, correspondendo à taxa geral de acumulação de sedimentos num determinado troço do rio. Mas, geralmente, há alternância de cheias altas e baixas, e até mesmo períodos inteiros de ambas. Uma cheia excecionalmente elevada pode pôr em movimento uma camada de sedimentos há muito estabelecida, lavá-la e redistribuir metais valiosos no seu interior. Se uma tal cheia elevada não voltar a ocorrer, ou se ocorrer após um longo intervalo em que a espessura total dos sedimentos tenha aumentado consideravelmente, esta camada permanecerá permanentemente imóvel. A camada da próxima cheia excecionalmente elevada será depositada sobre ela da mesma forma. Assim, o sedimento fluvial que compõe os placeres aluviais não é o sedimento de águas intermédias ou mesmo altas, mas apenas das cheias excecionalmente altas sofridas pelo rio durante o período de acumulação. Este é o princípio da acumulação progressiva das contribuições do fundo do rio.

Figura 18. Vista de jusante, descarga de água

Figura 19. Vista de jusante, comportas cónicas.

2.6. Deformação de canais em albufeiras a montante e a jusante

As tentativas de caraterização do escoamento na bacia da albufeira não deram os resultados completos e detalhados desejados devido à imperfeição do método de registo da direção e dos valores das velocidades com boia, em condições de excitação constante da superfície da água e dos ventos, atingindo uma média de 3 pontos.

Os flutuadores utilizados, bem como um sistema giratório especial de Alekseev, distorciam a ideia da imagem real das correntes sob a influência de ventos mesmo insignificantes. Por isso, estes trabalhos foram realizados durante o período em que se observou uma mudança de direção do vento.

O carácter das correntes foi determinado em três enchimentos da albufeira.

As taxas de afluência e de descarga da albufeira e os comprimentos das curvas de remanso durante os levantamentos são apresentados no Quadro 10.

Comprimentos das curvas de encosto

ano	Data da filmagem	Horizonte de água do reservatório	Caudal de entrada, m^3/seg	Descarga do reservatório, m^3/seg	Comprimento da curva de remanso, m
2006	25.07 -10.07	727,3	55,0	60,0	5020
2007	19.07 -25.07	741,5	48,5	71,0	10600
2008	6.07 -12.07	748,8	30,0	115,0	12200

Ao nível da água na albufeira a 727.3m, após três vezes o enchimento e a descarga do nível acima mencionado, as velocidades de fluxo na secção da curva de remanso em cunha (a uma distância de 5000m da barragem) eram de 1.4 -1.1m/seg contra velocidades domésticas do rio de 2.4 -2.7m/seg. A jusante da estação inicial a 330m as velocidades diminuem para 0.8m/seg e ainda mais abaixo a 260m tornam-se iguais a 0.6m/seg. É de notar que os valores mais elevados de velocidade nas estações consideradas são observados nas secções do leito do rio inundado, e os valores mais baixos nas secções da planície de inundação inundada.

Este padrão de distribuição de velocidade é observado a uma descarga do rio de 55.0m^3/s e a uma descarga de 60.0m^3/s.

No nível de água da albufeira de 741.5m, a velocidade do caudal na secção da curva de remanso em cunha (acima do local da barragem 10600m) e abaixo de 120m (local No. 8) diminui para 2.0m/seg contra a velocidade do caudal doméstico do rio de 2.8-3.0m/seg.

Abaixo do local 8, a 700 metros, as velocidades não excedem 0,35 -0,06 m/s e no local 6 diminuem para 0,045 -0,06 m/s.

Uma dinâmica semelhante de distribuição de velocidades na zona de encravamento da curva de remanso é observada quando a albufeira está cheia até à marca 748.8. Enquanto que as velocidades de escoamento em condições domésticas oscilam entre 2.5 -2.8m/seg (estação 12), a jusante a 1200m (estação 11) as velocidades diminuem para 1.4 -1.6m/seg e na zona da curva de remanso encravada entre as estações 9 e 10 a uma distância da barragem de 12200m diminuem para 0.6 -0.8m/seg, na vizinhança imediata da estação 9 as velocidades atingem 0.1 -0.08m/seg.

É de notar que as velocidades e direcções da corrente foram medidas com a corda do engenheiro Alekseev. No entanto, devido à utilização intensiva desta corda e à imperfeição das instalações de natação, estes trabalhos foram efectuados apenas entre as estações 11 e 9 (Fig. 23).

Quando a albufeira está cheia até 727.3 (volume morto) e a descarga de trânsito é de 55m^3/seg, as velocidades aumentam significativamente apenas na vizinhança imediata da barragem. Assim, se no local 4 (4000m da barragem) as velocidades são de 0,008m/seg, a uma distância de 300m da barragem são de 0,2 - 0,3m/seg, a uma distância de 60m - 0,5m/seg e imediatamente a montante do túnel de exploração 1,3 - 1,8m/seg.

Dos resultados da análise dos dados relativos ao regime de velocidades na albufeira, conclui-se que as velocidades de escoamento mais elevadas nos diferentes escalões da albufeira são observadas acima do canal doméstico inundado.

Este padrão de correntes indica a presença de uma grande capacidade de zonas de estagnação (na planície de inundação) ao longo do comprimento da albufeira, nas quais são obviamente criadas condições favoráveis para a sedimentação das partículas mais finas de sedimentos em suspensão.

Este facto é confirmado pela grande espessura da camada de assoreamento total nas zonas de estagnação. É de notar que a deposição de sedimentos em suspensão ocorre a uma distância bastante curta da zona onde a curva de refluxo se projecta. A uma descarga do rio de 48.5m^3/sec (20 de julho) e com a albufeira cheia até 741.8m, a distribuição da turbidez era a seguinte

Turbidez na zona de encravamento

medidores	8	8 - 270	8 - 800	8 - 950	8 - 1200	7
Turbidez, gr.litro.	0,28	0,24	0,22	0,015	0,013	água limpa

Uma deposição semelhante de sedimentos em suspensão pode ser observada noutros enchimentos da albufeira. A deposição quase completa de sedimentos em suspensão ocorre a uma distância de 800-1200m da zona onde a curva de remanso se projecta (dentro dos alcances 5-12) a velocidades de fluxo de cerca de 0,2m/s e menos.

A distribuição irregular dos sedimentos em suspensão ao longo do comprimento e da largura da albufeira explica-se igualmente pelas fortes flutuações dos horizontes hídricos da albufeira. Quando a albufeira é rebaixada, uma parte dos sedimentos em suspensão é transportada para jusante e depositada nas zonas de menor velocidade .

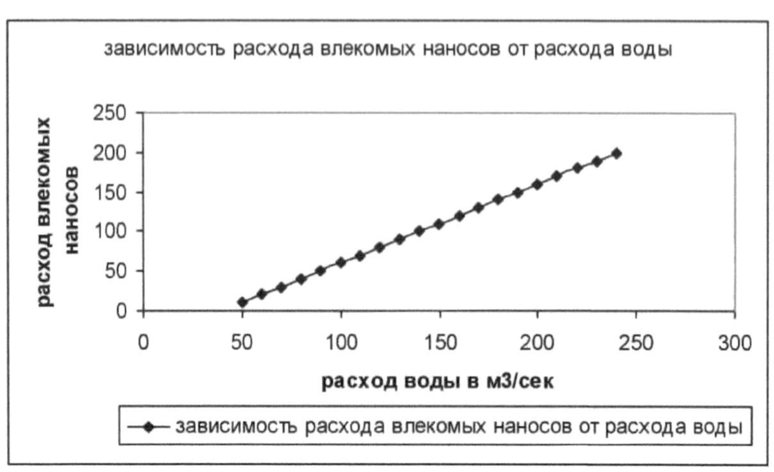

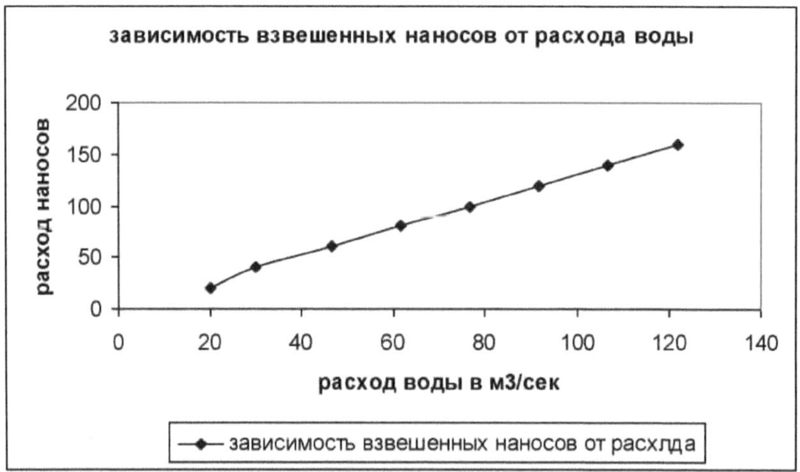

2.7. Deformação do canal a jusante

A libertação de água da albufeira descarregada com sedimentos resulta numa deformação geral do leito do rio no trecho inferior. A alteração da posição do fundo médio do leito do rio no trecho inferior foi determinada pelo levantamento vertical de 25 secções transversais num trecho de 29,4 km a partir do portal de saída do túnel.

Os dados relativos ao cálculo dos volumes de escoamento e detritos por secções com base no levantamento vertical são apresentados nos quadros 12, 13 e 14.

Apenas a secção entre os gabaritos 19 e 26, a distâncias de 9 e 29 km, foi considerada deformada. № A Tabela 12 mostra que o volume total de erosão foi de 91.8tm^3 e os detritos 78.1tm^3. A maior depressão do fundo foi observada entre as estações 19 e 23 e é de 0.1 - 0.15m, noutras estações, pelo contrário, o canal do rio está sobrecarregado, o que é mais pronunciado nas estações 19 - 22, onde a altura média da sobrecarga atinge 0.17 - 0.22m.

A deformação adicional do canal do rio é apresentada na Tabela 13.

O volume total de detritos no canal do rio foi de 44.7tm^3. O volume de erosão totalizou 19.9tm^3. O maior volume de erosão foi observado nas secções 13 - 19 e 21 - 23 e a profundidade média da erosão atinge cerca de 0.1m, enquanto que uma secção significativa do rio de 17 a 25 foi afetada por detritos e a altura média dos detritos foi também de 0.1m.

Durante o período de 2005 - 2006, ocorreu uma deformação significativa na secção entre os gabaritos 13 - 24, onde a profundidade média da erosão do canal entre os gabaritos 18 - 24 é de 0,1m e a altura média dos detritos nos gabaritos 16 - 17 não excede 0,05m. O volume total de erosão foi de 44,3tm^3 e 31,2tm^3, ou seja, os sedimentos do canal foram arrastados.

Deformações mais significativas do canal do rio ocorreram na secção entre as estações 16 e 26, com erosão intensa entre as estações 16 e 20 e detritos entre as estações 24 e 26.

A profundidade média da escombreira é de 0,1m e a altura média do bloqueio é de 0,08m, o volume total da escombreira é de 147,34tm^3 e do bloqueio de 141,04tm^3. Estas deformações do canal fluvial ocorrem em condições de duração e dimensão variáveis das descargas da albufeira.

Escoamento total de água

anos	Volume de escoamento 3 mil metros^3	Volume de detritos, 3 mil metros^3	Caudais máximos de descarga, m^3/seg	Caudais médios de descarga, m^3/seg	Escoamento total de água por ano, milhões de metros^3	Duração da alta, mês
2004			200	60	1050,0	3
2005	96,0	78,1	65	60	970,0	4
2006	19,0	44,7	93	60	890,0	2,4
2007	44,3	31,2	95	60	960,0	3,5
2008	147,04	141,04	114	80	954	5

A tabela mostra que as taxas de descarga máximas causam deformações mais significativas no canal do rio.

A natureza das deformações do leito do rio nas secções é mostrada na Figura 24 - as deformações do leito do rio ocorrem devido ao rebaixamento do fundo do rio, à erosão dos lados do canal e aos detritos na planície de inundação do rio em locais de grandes expansões.

Como mostra a análise da deformação, há uma tendência geral de lavagem dos sedimentos do canal das secções superiores acima de 11680m e de acumulação nas secções inferiores acima de 14200m.

№ A composição fraccionada dos sedimentos de fundo na secção a jusante ao longo de vários anos está resumida nos quadros 17, 18, 19, 20 e 21. Pode ser estabelecido que o diâmetro médio das fracções da estação 13 a jusante da estação 26 diminui de 65mm para 49mm em 2002, de 59mm para 28mm em 2006 e de 60mm para 34.4mm em 2007, o que se verifica ao longo de todo o período de observação desde o início da exploração da albufeira; no entanto, em alguns locais verifica-se um aumento do diâmetro médio dos sedimentos por anos, assim, no local 19 de 68mm em 2002 para 83mm em 2003 para 71,5mm em 2006 e para 53,5mm em 2007; no local 21 de 21mm em 2002 para 31,5mm em 2006 e para 66mm. em 2007; na estação 26, de 49 mm em 2002 para 64 mm em 2003 e para 34,4 mm em 2007.

O aumento da aspereza é devido à auto-pavimentação do leito do canal. A ligeira diminuição do diâmetro das partículas na estação 26 e noutros locais deve-se provavelmente à deposição de fracções mais finas trazidas de secções erosivas do rio a montante.

A observação da evolução dos detritos e do assoreamento da bacia da albufeira, através de medições e nivelamento dos gabaritos a montante, foi iniciada em outubro de 2007. Os resultados destes trabalhos permitiram estabelecer valores médios da espessura da camada de assoreamento.

2.8. Assoreamento da bacia do reservatório

Dos dados de caraterização das condições de exploração da albufeira, conclui-se que o carácter das correntes na zona de encravamento da curva de remanso, em função do enchimento da albufeira, era complexo. As zonas estabelecidas para o encravamento da curva de remanso, durante os períodos de intenso movimento de sedimentos de fundo e em suspensão, são apresentadas no Quadro 22.

Curva de apoio zonas em cunha

anos	Reservatório de enchimento	Comprimento do suporte	Zona de encosto em cunha	
			entre estações	comprimento da secção, m
2004	728,0 - 744,8	5,0 - 11,5	4 - 9	6,5
2005	728,0 - 747,5	5,0 - 12,0	4 - 10	7,2
2006	744,0 - 754,2	11,2 - 15,0	9 - 12	3,8

2007	728,0 - 754,8	5,2 - 14,2	4 - 12	9,0
2008	728,9 - 756,75	5,5 - 14,8	4- 12	9,3

A secção entre as estações de medição 4 e 11, com um comprimento de 10 km, foi a mais afetada pelo assoreamento.

Simultaneamente, o processo mais intenso de entupimento e assoreamento da bacia ocorre na parte média ao longo da sua largura (na zona do canal doméstico antes da cheia) e na parte inicial ao longo do comprimento da albufeira, o que é ilustrado pelos dados do Quadro 23.

Assoreamento do matagal ao longo do seu comprimento

Períodos 1	Faixas 2	Espessura média de assoreamento m 3	Largura da zona de assoreamento m 4	A espessura da camada de assoreamento está relacionada com a profundidade do reservatório 5
	4 a	0,1 -0,12	600-800	1 /230 H
2004 - 2007	5	0,1 -0,14	400-500	1 /240 H
	6	0,10	800-900	1/300H
	7	0,10	500-600	1 /250 H
	8	0,08	400-600	1 /240 H
	9	0,25	400-500	1 /60 H
	10	0,20	130-150	1 /55 H
2007 - 2008	6	0,02	800-1000	1/1500H
	7	0,014	600-700	1 /1800 H
	8	0,01	400-650	1 /1900H
	9	0,10	500-600	1 /150H
	10	0,30	150-170	1 /37 H

onde H é a profundidade de enchimento de água nos medidores correspondentes no NPG.

As contagens de assoreamento por estação para estes períodos são apresentadas nos quadros 23, 24 e 25.

É de notar que o levantamento por transectos não foi suficientemente pormenorizado devido a mais do que um enchimento da albufeira, uma vez que a determinação da camada de assoreamento através da medição das profundidades ao longo dos transectos dá origem a erros significativos.

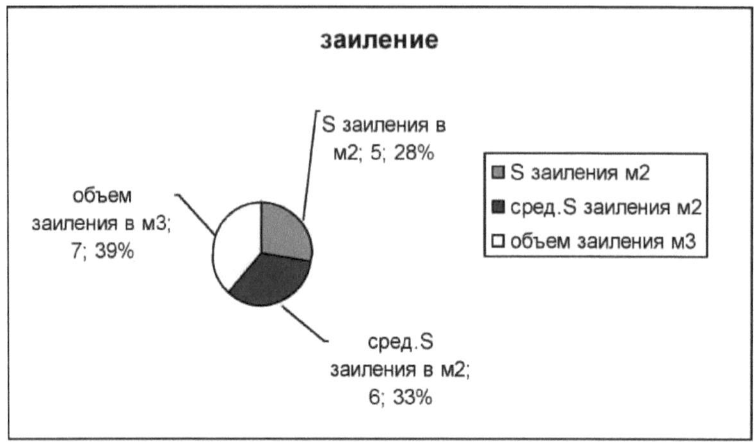

Figura 21.

Notas gerais sobre os quadros:

1 . aquando do nivelamento dos locais, foi efectuado um levantamento da mata da albufeira e a determinação da camada de assoreamento;

2 A determinação da espessura da camada de assoreamento foi efectuada a uma distância de 100 - 300 m uma da outra.

A determinação de acordo com os dados de Kochkorskaya G.M.P. e os volumes de sedimentos em suspensão calculados a partir da curva de dependência foram: para o período de 2005 - 420,0, para 2006 - 257, para 2007 - 103,2 e para 2008 - 23 toneladas.

O cálculo do caudal de carga sedimentar baseia-se na fórmula de Y.A. Nikitin (devido à falta de observações da carga sedimentar na estação de medição de Kochkor).

O escoamento de sedimentos transportados foi de 137,4 toneladas em 2002-04, 45,4 toneladas em 2005, 30,6 toneladas em 2006, 5,0 toneladas em 2007 e 9,1 toneladas em 2008.

A Tabela 27 mostra os volumes totais de sedimentos em suspensão e transportados que entram na estação de medição de Kochkor e os volumes obtidos a partir dos dados do levantamento vertical.

Carga sedimentar total

anos	volume total de assoreamento, t	Escoamento de sedimentos em	escoamento dos sedimentos	carga sedimentar

	m^3	suspensão na estação de medição de Kochkor, toneladas m^3	transportados, calculado de acordo com Nikitin, t m^3	total, toneladas m^3
2004	771,0	772,0	85,5	797,5
2005				
2006	713,1	555,0	50,7	605,7
2007				
2008	220,8	88,0	5,7	93,7

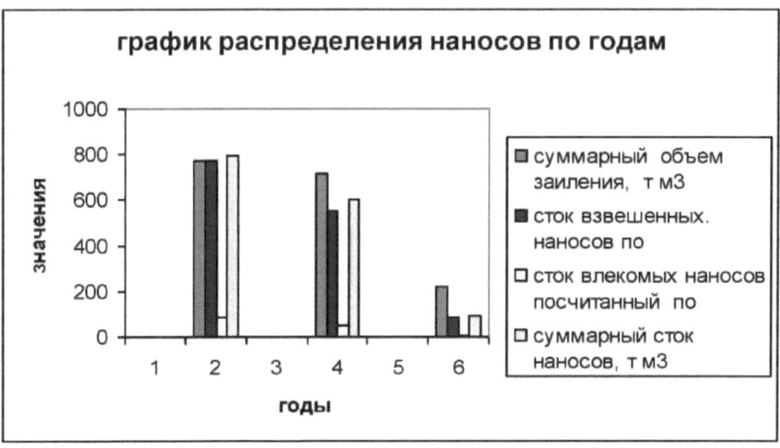

Figura 22.

Comparando o volume total de sedimentos entrados com o volume obtido a partir dos dados do inquérito, verifica-se que este último é cerca de duas vezes superior ao calculado a partir das observações efectuadas no PGM de Kochkor.

A descarga média anual de sedimentos e de carga em suspensão do rio Chu é de cerca de 244 000 m^3 ou 1/1930 da capacidade total da albufeira. Note-se que os anos considerados foram anos médios em termos de disponibilidade; com cheias mais elevadas, o fluxo de sedimentos e de sedimentos em suspensão aumentaria, o que afectaria também a variação do indicador que caracteriza a vida da albufeira.

A composição fraccionada dos sedimentos na bacia da albufeira, a montante do local 5, é apresentada nos Quadros 27 a 31.

A análise dos dados das Tabelas 27-31 mostra que a grossura média das fracções aumenta ao longo do reservatório. Além disso, é de notar que a composição dos sedimentos ao longo do comprimento da albufeira se altera em função do enchimento da albufeira. Assim, se o diâmetro médio das fracções no troço 6 era de 25mm, e no troço 11-83mm (em 2008 o enchimento máximo foi de 747,0), o diâmetro médio diminuiu para 19mm no troço 6 e 35,0mm no troço 13, respetivamente.

2.9 Cálculo da distribuição granulométrica dos sedimentos

A análise dos dados relativos à composição fraccionada dos sedimentos em suspensão (quadro 32) para quatro anos caraterísticos mostra que a maior parte dos sedimentos em suspensão é inferior a 0,01 mm (34,8%).

Composição fraccionada em % em peso

Ano de observação	Diâmetros fraccionados em mm			
	1 ÷ 0,25	0,25 ÷ 0,05	0,05 ÷ 0,01	0,01
2006	24,6	25,0	19,0	30,5
2007	24,2	26,8	14,2	34,8
2008	15,5	33,0	8,2	38,8
média	26,8	22,2	16,2	34,8

Não foram efectuadas observações do escoamento da carga do leito nos postos mais próximos do local da barragem, pelo que o escoamento para a albufeira de Ortokoto foi considerado como sendo 10% da carga de sedimentos em suspensão. O escoamento da carga em suspensão foi calculado utilizando a fórmula de Nikitin N.A., que foi determinada nas dimensões indicadas no Quadro 33.

Escoamento de sedimentos de fundo

Anos	Descarga média anual do rio, m^3/sec	Escoamento de sedimentos em suspensão, milhares de toneladas	Escoamento de sedimentos transportados, milhares de toneladas	Nota
2004	33,4	337,0	64,2	Cálculo do escoamento
2005	33,1	420,0	45,4	da carga sedimentar foi

2006	28,0	275,7	30,6	calculado pela fórmula de Nikitin N.A.
2007	23,0	103,2	5,0	
2008	23,1	123,0	9,1	

Capítulo 3: Processos de Canal no Rio Naryn

3.1 Assoreamento das albufeiras do rio Naryn

O assoreamento da albufeira de Uchkurgan, o assoreamento da albufeira de Toktogul e a distribuição dos sedimentos na sua zona aquática foram analisados com base em observações do caudal sólido do rio Naryn.

O rio Naryn atravessa uma cordilheira de arenitos, argilas e conglomerados do Jurássico, Cretáceo e Terciário. Os elevados gradientes e velocidades de fluxo do rio transportam enormes quantidades de sedimentos em suspensão, grandes cargas de leito e mesmo rochas. A principal descarga de sedimentos em suspensão e de carga do leito ocorre durante as cheias. Em termos de composição mineralógica, a carga em suspensão é representada por quartzo, granito, feldspato, sílica, biotite, minerais de minério e outros. O desenvolvimento dos recursos hídricos do Naryn começou no final dos anos 50, quando a organização de construção Naryngidroenergostroy foi criada para construir o hidrossistema de Uchkurgan e, mais tarde, os hidrossistemas subsequentes na bacia do Naryn. Foram construídas cinco centrais hidroeléctricas diretamente no rio Naryn. O quadro 3.1 apresenta as caraterísticas dos hidrossistemas com reservatórios.

O primogénito da cascata da central hidroelétrica de Naryn é o sistema hidroelétrico de Uchkurgan, que entrou em funcionamento em 1961, e o sistema hidroelétrico de Toktogul, que entrou em funcionamento em 1975, é o maior, tanto em termos de capacidade como de volume do reservatório. O percurso cronológico da entrada em funcionamento das barragens corresponde ao percurso do seu assoreamento. Comecemos a considerar os processos de assoreamento a partir da barragem de Uchkurgan.

A construção da barragem da Uchkurgan HPP num desfiladeiro estreito formou uma albufeira com um comprimento de cerca de 17 km e uma área espelhada de 4 km^2, um volume de 52,5 milhões de m^3 e uma capacidade utilizável de 20,9 milhões de m^3, destinada à regulação do caudal diário e à criação de uma reserva de água para irrigação.

Caraterísticas dos hidrossistemas da cascata de centrais hidroeléctricas de Nizhnenaryn

Tabela 3.1.

Nome da HPP	Ano de entrada em funcionamento da primeira unidade	Cálculo. pressão H, m	Na estação. potência MW	Reservatório			
				Área do espelho, km^2	Volume total, milhões de euros. 1. .3 M	Volume utilizável, 1. .3 M	Alargado Tb KM
T octogul	1975	140	1200	284,3	19500	14000	80
Kurpsai	1981	91,5	800	12,0	370	35	40
T ashkumyrskaya	1985	53	450	7,8	140	16	20
Shamaldysayskaya	1990	26	240	2,4	40	5,7	12
Uchkurgan	1961	29	180	4,0	53,4	20,9	17

Para preservar a capacidade útil da albufeira e assegurar o trânsito de sedimentos para a albufeira inferior durante o período de concentração do escoamento sólido (abril-agosto), o projeto São-Hidro, com a participação do pessoal da estação, desenvolveu medidas para um regime de exploração racional da albufeira. As medidas previam o rebaixamento do nível de água no reservatório superior em 5m em relação ao nível de recuo normal (NBU) e a lavagem com caudais concentrados de 1000...1500M^3. Assumiu-se que, neste regime, o volume "morto" do reservatório seria preenchido em 5,6 anos, enquanto o volume do prisma útil permaneceria intacto.

Durante o período de 1962 a 1973, antes de o rio Naryn ser represado no local da central hidroelétrica de Toktogul, a albufeira de Uchkurgan recebia o escoamento de sedimentos do rio doméstico. As medidas especiais relativas ao regime racional de funcionamento da barragem foram dificultadas pela entrada de água nos canais (canais de Fergana Grande, Uch-Kurgan, Norte-Fergana e Akhun-Babaev) situados a jusante da central hidroelétrica de Uchkurgan, o que provocou um assoreamento significativo da barragem.

Nos anos seguintes, foram efectuadas observações das alterações da capacidade da albufeira [8]. O trabalho incluiu medições do canal do rio Naryn no local do reservatório e o cálculo dos volumes do reservatório.

A mudança na capacidade do reservatório de Uchkurgan por anos tem a seguinte dinâmica: em 1957. - 54mn.m3, em 1963. - 42mn.m^3, em 1968. - 24 milhões de m^3, desde 1978 e até agora - 15,5 milhões de m^3. Assim, a capacidade total do reservatório de Uchkurgan é de 15,5 milhões de m^3, o que é quase 3,5 vezes inferior à sua capacidade projectada, e a capacidade utilizável é de 11,0 milhões de m^3.

A comparação dos perfis longitudinais dos levantamentos de 1957 e 1989 mostra que a maior espessura dos depósitos de sedimentos até 25 m de profundidade se encontra a uma distância de 1880,2735 m do local da barragem.

A análise da granulométrica mostra que a espessura destes sedimentos nesta zona é formada por sedimentos com uma percentagem de até 62,5 por cento de fracções de poeiras com um diâmetro inferior a 0,05 mm. =Na parte superior da albufeira, a espessura dos sedimentos diminui e é formada predominantemente por sedimentos com diâmetro de 0,004...0,04 mm,

fracções intercaladas com um diâmetro médio de 0,1 mm com inclusão de pedras d = 0,3m.

Atualmente, a albufeira está quase completamente cheia de sedimentos e este facto tem um impacto negativo no regime de funcionamento da albufeira e na segurança da barragem em caso de cheias. Em particular, de acordo com os resultados do estudo realizado por nós em 2000, foi revelado que dos 8 descarregadores de fundo da barragem, 3 estão assoreados. A tarefa de limpeza do reservatório da Uch-Kurgan HPP no rio Naryn é urgente para o seu funcionamento.

O volume de descarga de fase sólida de pequenos cursos de água no local da albufeira de Uchkurgan é insignificante e não pode afetar significativamente o seu assoreamento. Além disso, em condições de funcionamento adequadas, a albufeira pode auto-limpar-se. Por conseguinte, na nossa opinião, uma única limpeza assegurará o funcionamento normal da barragem durante muitas décadas.

Não consideramos o assoreamento nas albufeiras a montante das centrais hidroeléctricas de Shamaldysai, Tashkumyr e Kurpsai, uma vez que a carga sedimentar do rio Naryn já é totalmente retida pela albufeira de Toktogul no início da sua construção.

Consideremos o assoreamento da barragem de Toktogul, a primeira barragem da cascata de centrais hidroeléctricas de Nizhnenaryn, com um volume total de 19,5 mil milhões de metros ^{3}. A análise da descarga e da carga de sedimentos em suspensão na albufeira de Toktogul baseou-se em observações efectuadas desde 1964 na estação de medição de Uch-Terek, a montante da albufeira.

De acordo com os dados do Centro Hidrometeorológico do Quirguizistão, foi compilada uma série de cargas sedimentares médias mensais para o rio Naryn, perto da estação de Uch-Terek. Infelizmente, faltam alguns dados (assinalados entre parêntesis) devido à falta de recursos materiais no Centro Hidrometeorológico do Quirguizistão e a condições meteorológicas desfavoráveis (cobertura de gelo, etc.) na altura das medições, que impediram a realização deste tipo de trabalho. Os dados em falta foram obtidos por interpolação dos dados disponíveis.

O resultado é uma série de 27 anos, de 1964 a 1992, excluindo 1976 e 1988, que é apresentada no quadro 3.2. O caudal médio anual de sedimentos em suspensão *R0* e o coeficiente de variação *Cvr* foram calculados com base em fórmulas conhecidas.

Carga sedimentar média mensal no rio Naryn, perto da estação de Uch-Terek, kg/segundo

Tabela 3.2.

Ano	Meses												Média
	I	II	III	IV	V	VI	VII	VIII	IX	X	XI	XII	anual
1964	(10)	(10)	(70)	(60)	40	2700	440	68	13	1,4	(2)	(2)	(285)
1965	(10)	(10)	24	90	90	120	1100	580	98	37	48	(18)	(185)
1966	52	(25)	(40)	(750)	1500	7000	1900	1700	250	50	29	32	(IA).
1967	(15)	20	53	970	(2500)	2000	1200	460	85	30	9,5	17	(613)
1968	(7,2)	18	74	470	970	2500	1500	980	120	14	22	9,4	(557)
1969	18	27	510	1500	5200	5200	4400	1200	530	89	30	18	1600
1970	6,9	31	35	370	1300	1300	1900	700	210	23	15	7,4	490
1971	6,1	31	210	270	360	2500	880	470	65	28	31	16	410
1972	10	10	95	150	590	1600	840	920	71	33	50	И	360
1973	(Ю)	(20)	42	600	1400	3200	2000	670	210	3,2	(16)	(10)	680
1974	(15)	(20)	5,9	140	370	630	680	330	43	7,7	(Ю)	(20)	190
1975	(8)	(Ю)	6,4	220	220	1900	590	570	64	(Ю)	(15)	(4)	(301)
1977	(2)	(Ю)	(75)	150	(900)	(970)	600	400	62	71	46	8,3	(275)
1978	3,5	1,8	69	1100	1400	930	1000	1000	35	9,1	8	20	460
1979	4,1	6,9	110	1200	1000	2700	(1700)	880	85	170	23	(18)	(658)
1980	(2)	(17)	(75)	180	1700	930	640	380	46	14	(6)	(8)	(333)
1981	15	35	49	230	1300	1100	1100	270	41	19	21	6,4	350
1982	(10)	(6)	35	340	340	130	360	450	38	12	10	(2)	(144)
1983	1,1	7,9	37	160	880	1300	1100	1100	170	49	14	10	400
1984	5,8	12	110	520	320	720	480	1100	46	15	14	2,8	280
1985	(10)	(10)	41	430	280	780	520	230	(10)	15	17	(10)	(196)
1986	2,1	16	32	200	280	940	880	360	54	28	10	7	230
1987	6,7	8,2	120	240	1200	3000	2900	1100	110	100	34	21	740
1989	(10)	(10)	(HO)	(610)	(2400)	1800	1400	450	90	26	23	12	(578)
1990	45	35	280	720	2100	1400	1200	520	270	43	24	24	560
1991	(15)	(15)	200	320	440	2300	1400	670	170	24	25	(10)	(466)

1992	(12)	(10)	130	480	580	920	1300	310	63	22	15	15	(321)

= Os cálculos efectuados com base na investigação resultaram numa carga sedimentar média anual R0 473kg/s e num coeficiente de variação C_{vr} = 0,655.

Os resultados do programa FLIKE (Log Pearson III) são apresentados no quadro 3.3.

Carga sedimentar em diferentes níveis de abastecimento

Tabela 3.3.

Provisionamento *P%*	0,1	0,5	1,0	2,0	10,0	50,0
Carga de sedimentos R_o, kg/s	3548	2335	1920	1560	894	392

A composição fraccionada da carga é retirada das estações de medição mais próximas da estação de medição de Uch-Terek. O quadro 3.4 mostra a composição fraccionada dos sedimentos do rio Naryn na secção Nizhnenaryn da cascata da central hidroelétrica.

Distribuição granulométrica média dos sedimentos em suspensão no rio Naryn

Tabela 3.4.

A publicação	Anos de observação	Número de amostras	Granulometria dos sedimentos em mm e teor em % da carga total			
			> 0,20	0,20 - 0,05	0,05 - 0,01	<0,01
p. Kekirim	1938-1943, 1956-1960	202	2,9	21,2	17,7	58,2
c. Alekseevka	1933-1935, 1937-1942 1948, 1950-1952, 1954, 1957, 1958	74	1,8	21,9	21,5	54,8
st. Verkhne-Uchukrganskaya	1953-1957		2,8	25,0	19,1	53,2
kish l. Uchkurgan	1929, 1931-1944, 1946-1962	124	2,4	15,2	27,2	55,2

O quadro 3.4 mostra que a distribuição granulométrica média dos sedimentos em suspensão no rio Naryn é quase constante nesta secção do rio, pelo que, para os cálculos posteriores, adoptámos a distribuição hidrológica da aldeia de Alekseevka. Alekseevka.

A estimativa total aproximada da duração do período de enchimento da albufeira com sedimentos é feita analiticamente e não é apresentada aqui.

A avaliação da distribuição de sedimentos na albufeira baseia-se na velocidade de escoamento da albufeira v_{cp} e na velocidade de deposição de partículas de um determinado tamanho V_B suspensas no escoamento. A relação entre v_{cp} e v_B.

Conhecendo-se a taxa de deposição de sedimentos em suspensão e a velocidade média do escoamento numa secção da albufeira, é possível calcular o percurso *L* ao longo do qual os sedimentos do tamanho em questão serão depositados

Para calcular o assoreamento da barragem de Toktogul, foram utilizadas como base algumas observações de escoamento sólido na estação de medição de Uch-Terek (ver Quadro 3.3) a montante da barragem de Toktogul.

Além disso, partindo do princípio de que o volume morto da albufeira de Toktogul é de 5,5 mil milhões de m^3 e de que a fração de trânsito de sedimentos finos descarregados da albufeira durante as cheias é uma fração da carga sedimentar total d = 5%, foi calculado o tempo possível de assoreamento do volume morto da albufeira de Toktogul.

Como decorre do exposto, a avaliação da distribuição de sedimentos na albufeira baseia-se na consideração da velocidade de escoamento Vcp na albufeira e da velocidade de deposição de partículas de uma dada dimensão V_B suspensas no escoamento.

A grossura hidráulica do sedimento foi determinada a partir do Quadro 9.3 do SNiP e a velocidade limite de queda das partículas foi determinada a partir das fórmulas do SNiP.

Para o cálculo da distribuição de sedimentos na área da albufeira, consideram-se seis estações a distâncias iguais entre si. Assim, dispondo de dados sobre a descarga sólida, a aspereza ou distribuição granulométrica dos sedimentos que entram na albufeira, o caudal e a área da secção transversal em diferentes secções da albufeira, determinou-se também a que distância da zona de encravamento do remanso ocorreria a deposição de partículas de diferentes tamanhos. Os cálculos estão resumidos no Quadro 3.5.

Fig.7. Sedimentos na parte superior da albufeira de Toktogul durante o período de águas baixas

Cálculo da distribuição dos sedimentos na zona de água da albufeira

Tabela 3.5.

Parâmetros de cálculo	Diâmetro das partículas, MM	Número de estações de povoamento (distância, km)					
		1 (0,0)	2 (2,0)	3 (4,0)	4 (6,0)	5 (8,0)	6 (IO,0)
Área da secção transversal das águas protegidas, m^2		1000	5000	10000	25000	50000	100000
Largura da água protegida, m		200	500	700	1120	1570	2200
Profundidade da água protegida, m		5,0	10,0	14,3	22,3	31,8	45,5
Velocidade da água cf. *Vcp,* m/s		1,558	0,3116	0,1558	0,06232	0,03116	0,01558
Velocidade limite de queda das partículas, Vk, m/s	0,2	0,283	0,318	0,337	0,363	0,385	0,409
	0,05	0,178	0,200	0,212	0,229	0,243	0,258
	0,01	0,104	0,117	0,124	0,134	0,142	0,151
Velocidade de queda das partículas, Vb, m/s	0,2	negar.	0,004	0,113	0,174	0,193	0,202
	0,05	negar.	negar.	0,001	0,001	0,002	0,002
	0,01	negar.	negar.	negar.	0,00004	0,00006	0,00007
Comprimento da zona de	0,2	passa a	785,6	19,7	8,0	5,1	3,5

queda das partículas,L, m		zunir					
	0,05	passa a zunir	passa a zunir	4180,0	956,0	569,3	376,8
	0,01	passa a zunir	passa a zunir	passa a zunir	32557,2	15894,1	9873,8

= = = Com base nos resultados da Tabela 3.5, foi determinada a distância a que as partículas de sedimentos em suspensão de uma dada composição fraccionada cairão: fracções com um diâmetro d 0,2mm cairão aproximadamente a 2,8km, d 0,05mm - 8,2km e d 0,01mm - 19,9km.

Os resultados dos dados obtidos permitem tirar as seguintes conclusões:

No reservatório de Uchkurgan:

- a comparação dos resultados das medições transversais com os estudos de turbidez mostra que o volume de assoreamento é quase inteiramente determinado pelo volume de sedimentos em suspensão; os sedimentos de fundo não têm efeito significativo no assoreamento da albufeira.
- Com base no estudo dos materiais disponíveis sobre o assoreamento das albufeiras e a sua limpeza, bem como nos nossos estudos (2000), ficou estabelecido que a limpeza das albufeiras continua a ser uma tarefa urgente. Para a realização das medidas de limpeza é necessário: realizar o levantamento batimétrico da albufeira; desenvolver um projeto de limpeza.

No reservatório de Toktogul:

- o período de assoreamento do volume morto é bastante longo, mais de 350 anos, mas o assoreamento da foz da albufeira pode levar à subida do fundo.
- A deposição mesmo das fracções mais finas de sedimentos ocorrerá até 20 quilómetros da foz, ou seja, no vale de Ketmen-Tyubinsk.
- Num futuro previsível, a carga sedimentar não chegará ao local da barragem e não poderá afetar o funcionamento e a segurança da central hidroelétrica de Toktogul.

3.2 Parâmetros do caudal sólido no rio Naryn no local da aldeia de Uchterek entre a UHE-1 e a UHE-2 de Kambarata. Uchterek entre a UHE-1 de Kambarata e a UHE-2

A formação da carga do rio Naryn deve-se principalmente à lavagem de sedimentos finos das bacias hidrográficas e, em muito menor grau, à erosão do canal, dependendo a intensidade desta última da estabilidade do canal. Entre os produtos da lavagem das bacias, o papel principal é desempenhado pelos sedimentos transportados pelas águas glaciares e pelos sedimentos arrastados pelo degelo e pelas águas pluviais.

As águas dos rios do sistema Naryn têm uma turbidez elevada. O curso anual da turbidez caracteriza-se por um aumento da turbidez durante o período das cheias, com tendência para dois máximos - em maio, durante o período de fusão intensiva das neves sazonais, e em julho-agosto, durante o período de fusão dos glaciares. A turbidez mais baixa é observada durante os meses de inverno.

A proporção de sedimentos em suspensão devido à descarga glacial atinge os seus valores mais elevados (70-80%) na bacia do rio Naryn, que é classificada como um rio misto, predominantemente alimentado pela neve, com alturas médias de captação de cerca de 2500-3000m. A quota-parte da descarga glacial diminui com a diminuição da altitude da bacia hidrográfica, enquanto a quota-parte da descarga do degelo e da chuva aumenta.

A distribuição intra-anual da descarga de cargas em suspensão e da turbidez corresponde basicamente à distribuição intra-anual da descarga líquida, mas é ainda mais desigual. As flutuações da descarga de cargas em suspensão nem sempre são sincronizadas com as flutuações da descarga de água. 3.1 mostra que o ano de maior teor de água nem sempre é o ano de maior descarga de cargas em suspensão, nem os anos de menor descarga de água são sempre os anos de menor descarga de cargas sedimentares.

Durante o período de outono-inverno (outubro-fevereiro), a turbidez do rio Naryn flutua apenas ligeiramente, as cargas de sedimentos em suspensão estão no seu nível mais baixo e a carga de sedimentos situa-se apenas entre 0 e 5% do caudal anual.

No período da primavera, de março a junho, a turbidez aumenta acentuadamente, atingindo os valores de turbidez valores mais elevados na subida da cheia do que na descida. O momento de passagem da maior descarga média mensal de sedimentos em suspensão não é uniforme ao longo do Naryn, pois depende principalmente da altura das bacias hidrográficas, e coincide geralmente com o período de descarga máxima.

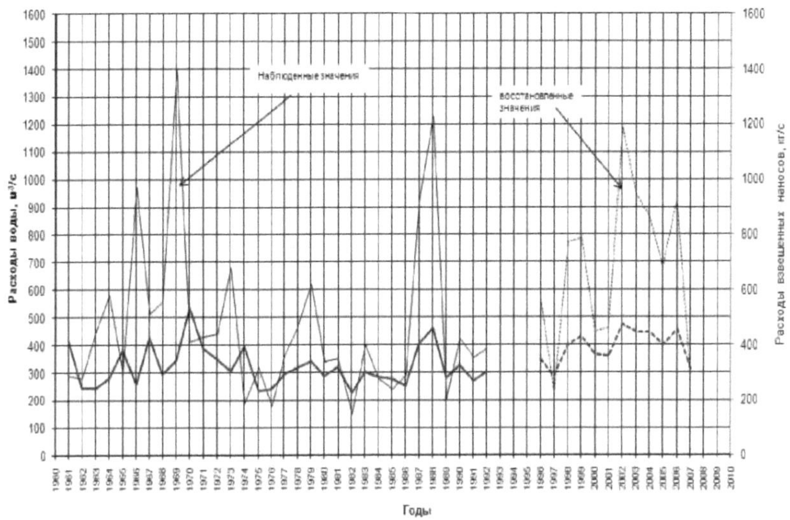

Figura 8. Gráfico da relação entre as despesas médias mensais

= Foi construído um gráfico da relação entre a descarga média mensal de sedimentos em suspensão e a descarga de água $R_{B(3)(B)F}(Q)$para os anos de observação indicados (Fig. 3.2).

A série plurianual de cargas de sedimentos em suspensão foi obtida por reconstrução a partir deste gráfico e da descarga média mensal para o período de 1993 a 2007.

A descarga média mensal e média anual de sedimentos em suspensão do rio Naryn na estação de medição de Uchterek é apresentada no Quadro 3.5. A descarga média anual de sedimentos em suspensão para o período 1961-2007 é de 480 kg/s, o que equivale a 15,2 milhões de toneladas ou 12,6 milhões de m^3.

A maior descarga média anual de sedimentos em suspensão no rio Naryn na série de observações foi registada em 1969, com 1400 kg/s e um fluxo anual de 44,2 milhões de toneladas, e a menor em 1982, com 150 kg/s e um fluxo de 4,7 milhões de toneladas.

A principal descarga de sedimentos em suspensão ocorre durante o período de cheias - de abril a agosto - e representa em média 94% do escoamento anual.

A descarga média anual de sedimentos em suspensão durante este período é de 1000 kg/s. A descarga média mensal mais elevada observada na média a longo prazo ocorre em junho e é de 1700 kg/s.

Em alguns anos, a descarga máxima de sedimentos em suspensão ocorre em maio (5 vezes), julho (2 vezes) ou agosto (2 vezes).

A descarga média mensal mais elevada de sedimentos em suspensão para 1961-1987 e 1989-1992 foi observada em junho de 1969, com 5200 kg/s, e a mais baixa para o período de cheia - 35 kg/s - em abril de 1962.

Dado o baixo caudal do rio Naryn entre a estação hidrológica da aldeia de Uchterek e as estações hidroeléctricas n.º 1 e n.º 2 de Kambarata, foram utilizados os dados das observações da estação de medição de Uchterek para caraterizar o fluxo de sedimentos em suspensão do rio Naryn para a estação hidroelétrica proposta de Kambarata. De 1961 a 1961, foram efectuadas medições dos caudais e da composição fraccionada dos sedimentos em suspensão, bem como amostras diárias de água para determinação da turbidez, na estação de medição da aldeia de Uchterek. Uchterek de 1961 a 1987 e (com omissões) de 1989 a 1992. Não foram efectuadas observações de turvação após 1992.

A água mais clarificada do rio Naryn na estação de medição perto da aldeia de Uchterek é observada de novembro a fevereiro. A carga de sedimentos durante este período é de 1,6 % do caudal anual.

A turbidez da água do rio Naryn na estação de medição perto da aldeia de Uchterek foi em média de 1,4 kg/m^3 no período de 1961-1987, 1989-1992.

A distribuição intra-anual da turbidez corresponde à distribuição intra-anual da carga de sedimentos em suspensão (quadro 3.6).

A turbidez da água no período de abril a agosto é em média de 1,9 kg/m^3. A turbidez mais elevada é observada principalmente em junho, com uma média de 2,2 kg/m^3 neste mês. A turbidez média mensal mais elevada para o período 1961-1987, 1989-1992 foi observada em maio de 1969 e foi igual a 5,6 kg/m^3.

A composição fraccional dos sedimentos em suspensão medidos na estação de medição de Uchterek em 1964-1969, 1974-1978 e 1983-1986 é apresentada na Fig. 9. Uchterek em 1964-1969, 1974-1978 e 1983-1986 é mostrada na Fig. 9.

A massa principal (96%) da carga em suspensão é constituída por partículas de diâmetro inferior a 0,25 mm. Na fase de justificação, o fluxo de carga sedimentar do rio Naryn para as centrais hidroeléctricas de Kambarata baseou-se na relação percentual entre sedimentos e carga em suspensão obtida a partir das medições efectuadas em 1962-1966 no rio Naryn na estação de medição de Karasuisky. Este rácio era de 7 %.

Em 1985 e 1986, o Sredazgidroproekt efectuou observações do fluxo de sedimentos do rio Naryn em locais próximos da aldeia de Uchterek e a montante da foz dos rios Kekemeren e Kekemeren. O projeto Sredazgidroproekt monitorizou o fluxo de sedimentos do rio Naryn na aldeia de Uchterek, a montante da foz do rio Kekemeren e na foz do rio Kekemeren.

As medições da descarga de sedimentos foram efectuadas durante o período de cheia, de maio a setembro. O sedimento foi recolhido com uma armadilha de rede Hydroproject com uma abertura de entrada de 15x15 cm.

No rio Naryn, no local perto da aldeia de Uchterek, o movimento de sedimentos à deriva começa com uma descarga de 200m^3/s e a banda de fluxo de sedimentos varia entre 50 e 65 metros. No local a montante da foz do rio Kekemeren, o movimento de sedimentos à deriva é observado com caudais de água superiores a 100m$^{(3)/s}$, variando a banda de fluxo de sedimentos entre 15 e 50 metros.

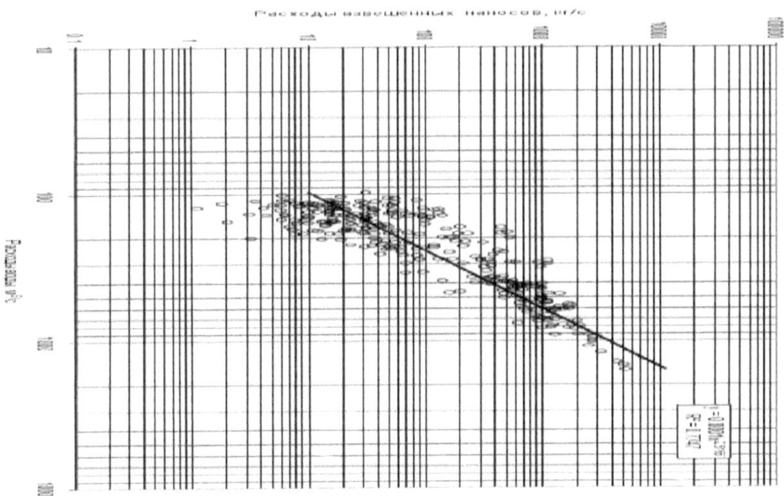

figura 9

Os resultados das medições da carga sedimentar dos rios Naryn e Kekemeren para 1985 e 1986 são apresentados no Quadro 3.6.

Informações sobre o caudal sólido do rio Naryn.

Quadro 3.6

O rio é um observatório	1985 г.		1986 г.	
	Escoamento de carga sedimentar milhares de toneladas	% da carga de sedimentos em suspensão	Escoamento de sedimentos transportados, milhares de toneladas	% da carga de sedimentos em suspensão
p. Naryn - acima da foz do rio Kekemeren	310	5,7	300	4,0

p. Rio Kekemeren - foz	85	34	69	8,0
p. Rio Naryn - a jusante da foz do rio Kekemeren	390	6,9	370	4,3
p. Naryn - aldeia. Uchterek	600	8,0	-	-

Não foi possível calcular o caudal de carga sedimentar do rio Naryn no local da aldeia de Uchterek em 1986 devido à falta de dependência da descarga medida em relação aos níveis de água e às cargas de sedimentos em suspensão. Não foi possível calcular o caudal de sedimentos em deriva no rio Naryn, na aldeia de Uchterek, para 1986, porque não havia dependência da descarga medida de sedimentos em deriva em relação aos níveis de água, à descarga e à carga em suspensão. Em média, para 1986, a descarga medida de sedimentos em deriva neste local foi de 3,6 % da descarga de sedimentos em suspensão.

Assim, a relação percentual (7%) da carga sedimentar do rio Naryn para as centrais hidroeléctricas de Kambarata 1 e 2, adoptada na fase de justificação, é confirmada pelas observações de 1985 e 1986.

O escoamento do rio Naryn para os locais das centrais hidroeléctricas de Kambarata 1 e 2 é considerado como sendo de 1,06 milhões de toneladas ou 0,53 milhões de m^3 por ano.

As observações efectuadas em 1985-1987, 1988, 1989, 1991 e 1992 sobre a composição fraccionada da carga sedimentar do rio Naryn na estação hidrológica próxima da aldeia de Uchterek confirmaram igualmente a curva apresentada no projeto técnico e obtida com base nas observações efectuadas em 1962-1966 na estação de medição de Karasuisky (Fig. 10).

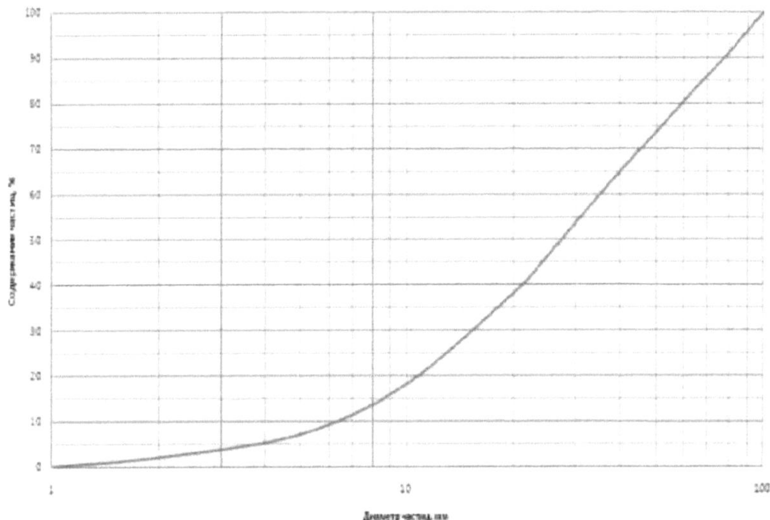

3.3 Metodologia de cálculo do assoreamento

O método de equilíbrio para o cálculo do assoreamento da albufeira, que tem em conta a influência mútua do escoamento e do leito da albufeira, é o principal método na prática de projeto de construção. O método baseia-se na solução conjunta das equações do movimento dos fluidos e do equilíbrio dos materiais sólidos, o que permite obter não só a quantidade total de sedimentos na albufeira, mas também a distribuição dos sedimentos na zona da albufeira, nas partes do canal e da planície de inundação. A preparação para o cálculo do assoreamento inclui as seguintes operações.

O ano de projeto (ou série de anos) é dividido em vários intervalos de tempo para os quais o nível da água da albufeira e a descarga e turbidez da água de entrada podem ser considerados constantes.

A albufeira é dividida num plano de grande escala em secções de projeto, cujo número depende da disponibilidade de informações de base. Para tal, tem-se em conta o contorno da albufeira em planta e o aumento do comprimento da secção de remanso devido ao assoreamento. O aumento do nível da água na zona da cabeceira inicial devido à deposição de sedimentos pode ser determinado pelo rácio:

$$\Delta Z = L \cdot i_{np} \quad (3.1)$$

em que L é o comprimento inicial do apoio, m.

ПO comprimento do contraforte no ponto de inclinação limite i p. é determinado pela fórmula:

$$L_{np} = L + \frac{\Delta Z}{i_{быт.} + i_{np}} \quad (3.2)$$

O declive final da superfície da água é calculado pela fórmula:

$$i_{np} = \left(\frac{\varepsilon \cdot \mu}{24}\right)^{0.85} + \frac{n^2}{i^{0.5}} \qquad (3.3)$$

em que ε é a turbidez média das fracções sedimentares formadoras de canais durante o período de cheia do ano de projeto, g/m^3;

n - coeficiente de rugosidade.

O comprimento L em que o remanso da barragem actua após o processo de assoreamento estar completo é tipicamente 2:2_5 comprimentos da albufeira antes do início do assoreamento.

A largura do canal formado em sedimentos pode ser considerada igual à largura natural do rio. O comprimento das secções de projeto pode ser igual a 2÷5 larguras médias da albufeira. Os locais de estreitamento ou alargamento acentuado do vale devem também ser assinalados como secções de projeto.

Os perfis transversais são construídos nos limites das secções de projeto. Nas albufeiras em que as ilhas, planícies de inundação e terraços se inserem na zona de inundação permanente e periódica, a esquematização da secção transversal deve ser feita com separação dos compartimentos do canal e da planície de inundação. Na parte represada da albufeira, se a profundidade for superior a 15m, não é aconselhável separar a secção da várzea.

Dentro de cada compartimento, são determinadas as larguras e as elevações médias do fundo.

$$h = Z - H_{cp} = Z - \omega / B \qquad (3.4)$$

em que: h - marca média de fundo, m,

Z - marca do nível de água em que foi determinada a área da secção viva ω, m,

B - largura do compartimento, m,

Ncr - profundidade média, m.

A esquematização do perfil da secção transversal do canal por compartimentos rectangulares pode levar à distorção das resistências hidráulicas e, consequentemente, dos níveis de água calculados. A correspondência dos níveis calculados com os níveis naturais para as mesmas descargas de água, que é especialmente importante para a zona de encravamento do remanso, é conseguida através da seleção do coeficiente de rugosidade calculado n.

O valor calculado do coeficiente n é selecionado através do cálculo das curvas de superfície livre (sem remanso) de acordo com as caraterísticas hidráulicas dos perfis transversais esquematizados em comparação com naturais. = A posição natural da curva de superfície livre é estabelecida pelas dependências Q f(Z), que são construídas num certo número de estações de acordo com os resultados da hidrometria ou dos cálculos hidráulicos. O cálculo das curvas naturais de superfície livre, bem como das curvas de remanso, é efectuado de acordo com a fórmula de Shezy-Manning.

A capacidade de transporte ou a saturação final com sedimentos formadores de canal ε (g/m$^{3)}$ em cada secção de projeto é determinada a partir das condições hidráulicas na estação de medição de saída, utilizando a fórmula:

$$\varepsilon = \frac{24 \cdot V^3_{cp}}{\mu \cdot H_{cp}} \qquad (3.5)$$

Onde

As caraterísticas calculadas da composição mecânica (distribuição granulométrica) dos sedimentos em suspensão são determinadas para 3 fracções:

o primeiro - com diâmetro de partícula superior a 0,05mm, o segundo - com diâmetro de partícula 0,05÷0,01MM,

terceiro - com diâmetro de partículas inferior a 0,01 mm.

O coeficiente α é calculado para as duas primeiras fracções, sendo μ definido para o diâmetro médio das partículas desta fração. Assume-se que as partículas da terceira fração (mais finas do que 0,01 mm) se depositam uniformemente fora da barra de sedimentos em toda a área da albufeira até que as velocidades médias de escoamento na albufeira atinjam 0,20 m/s ou mais. A partir deste ponto, as partículas finas podem ser transportadas para jusante.

> As coordenadas da curva de saturação limite do fluxo com partículas de 0,05 mm são calculadas pela fórmula:

$$\varepsilon_{np} = \alpha \cdot \frac{V^3_{cp}}{H_{cp}} \qquad (3.6)$$

A equação para a saturação limite do fluxo com partículas DE 0,05÷0,01MM (fração sedimentar II) é escrita da mesma forma.

O cálculo da carga de sedimentos em suspensão na albufeira consiste em duas etapas sucessivas, que se repetem até que o transporte de todos os sedimentos em suspensão para a albufeira a jusante seja restabelecido:

- Determinação da curva de superfície livre para a média ou caraterística

caudal de água de um determinado intervalo de tempo de projeto,

- cálculo das deformações de fundo nas estações de descarga durante o mesmo intervalo de tempo de projeto.

As curvas da superfície livre da albufeira (desde o local do esquema hidráulico até ao local onde o nível de projeto para uma dada descarga coincide com o nível natural) são calculadas para um dado nível de água na barragem e descarga em cada local de projeto.

Ao mesmo tempo, determina-se a distribuição da descarga de água entre o canal, a planície de inundação e outros compartimentos identificados nos cortes transversais da albufeira. Esta pode ser considerada como proporcional à capacidade de cada compartimento:

$$\frac{B \cdot H^{5/3}}{n} \quad (3.7)$$

O cálculo das deformações do leito (deposição de sedimentos ou erosão) é efectuado a partir da secção de montante - a partir do ponto em que o remanso é encravado - para jusante.

A turbidez da água que entra na secção superior (na estação onde não há remanso) é tomada de acordo com o seu valor interno, médio para o intervalo de tempo calculado. = A turvação à saída de cada secção é determinada de acordo com a dependência ε f (V, H) para cada uma das fracções em que se divide a curva de distribuição granulométrica dos sedimentos. Aqui V é a velocidade do fluxo, m; H é a profundidade do fluxo, m.

A altura da camada de sedimentos Δh em cada secção de projeto é determinada a partir da equação do balanço sedimentar, que também tem em conta a capacidade de transporte do escoamento:

$$\frac{q \times \varepsilon}{\gamma \times l} t = \int_0^h \frac{dh}{1 - \frac{\alpha}{\varepsilon} \cdot \frac{q^3}{(H_0 - h)^4}} \quad (3.8)$$

= em que: q - caudal específico de água num compartimento de largura b: q Q/b, m^3/s,

ε - turvação da água à entrada do local, g/m^3,

γ - densidade do sedimento, g/m^3,

l - comprimento da secção de projeto, m,

t - intervalo de tempo calculado, segundos,

α é uma constante relacionada com o tamanho hidráulico de cada fração sedimentar,

Mas - profundidade no limite inferior do terreno antes do início das deformações, m.

A integração da equação (3.8) dá-nos o seguinte

$$A = \eta + \frac{1}{4\beta}\left[\ln\frac{(\beta-1)[\beta(1-\eta)+1]}{(\beta+1)[\beta(1-\eta)-1]} - 2arctg\frac{\eta\beta}{1+\beta^2(1-\eta)}\right] \quad (3.9)$$

$$A = \frac{\varepsilon_0 q t}{\gamma H_0};\quad \eta = \frac{\Delta h}{H_0};\quad \beta = \frac{\varepsilon_0}{\alpha q^3} H_0$$

em que: ε0 - turbidez da água na estação de entrada, g/m^3,

Δh é a variação da profundidade devida à deposição de sedimentos, m.

O valor de Δh determinado no gabarito de saída aplica-se a todo o comprimento da secção de projeto.

A turbidez à saída do local é determinada pela fórmula:

$$\varepsilon_{\text{вых}} = \varepsilon_0 - \frac{\gamma \cdot l \cdot \Delta h}{q \cdot t} \quad (3.10)$$

A capacidade de transporte do escoamento à saída da secção de projeto é determinada a partir das curvas de limite de saturação.

A condição para a deposição de sedimentos é:

- < para a primeira fração εprd.I inh.T;
- < para a segunda fração $\varepsilon_{p(pe)(e)}$.II $\varepsilon_{\beta x}$.II.

= Se εpred.I εin.T, todos os sedimentos (fracções I e II) são transportados para a secção de cálculo seguinte. > = Se εpred.P εin.∏ ou εpred.I εin.I, apenas a segunda fração é transportada para a secção seguinte. > A desigualdade c_{pree}.1 $\varepsilon_{(\beta)(x)}$.I é uma condição para a descarga de sedimentos depositados nos intervalos de tempo de cálculo anteriores.

Em todos estes casos, o valor numérico de "α" é adotado :

< = Quando apenas a primeira fração é depositada (vpred.T εβx.I) - α αI.

> = O mesmo no caso da descarga de sedimentos sedimentados (em prep.1 εβx.I) - α αI.

= + + Quando ambas as fracções α αI II são depositadas. para determinar αI II a partir dos dados observados, constrói-se uma relação:

$$\varepsilon_{I+II} = f\left(\frac{V}{H^{0..33}}\right)$$

e prepara-se a equação da envolvente superior do campo de pontos, que tem a forma

$$\varepsilon_{I+II} = \alpha_{I+II} \times \left(\frac{V}{H^{0..33}} \right) \qquad (3.11)$$

+ O valor de αI II e é considerado como o valor de projeto para a deposição de ambas as fracções.

Uma vez calculada a deposição de sedimentos para cada intervalo de tempo, as elevações médias do fundo nos locais calculados para o reservatório são modificadas; as elevações modificadas do fundo são utilizadas para determinar a curva de remanso em Qpec4. intervalo de tempo seguinte, calcula-se então a deformação do fundo Δh devida à deposição de sedimentos para esse intervalo, e assim sucessivamente até que o transporte de todos os sedimentos em suspensão para o reservatório a jusante tenha sido restabelecido.

Capítulo 4. Estabilizador da descarga de água de canais com regime de escoamento turbulento

4.1 Hidrossistemas com dispositivos de prevenção da acumulação de sedimentos em canais turbulentos

A invenção está relacionada com a engenharia hidráulica e pode ser utilizada para estabilizar o abastecimento de água de canais com regime de fluxo turbulento.

№ É conhecido um amortecedor de energia de fluxo de água (patente RU 2489545, C1, cl. E02B 8/06, 10.08.2013), que inclui um canal de alimentação com um cantilever instalado no recesso de um poço de água e uma parede de água curvada no plano vertical. A parede de afundamento de água é feita sob a forma de um portão, que tem uma secção transversal na forma de um sector, fixado à parede traseira do poço por meio de uma dobradiça com um eixo de rotação horizontal. No poço com nicho, existe uma galeria inferior com um orifício de lavagem. A secção transversal do nicho corresponde à secção transversal da porta na posição não operacional (inferior).

A desvantagem desta invenção é a complexidade no fabrico desta solução técnica, que consiste num grande número de componentes, bem como a existência de peças móveis, por exemplo, sob a forma de flutuadores cilíndricos de contrapeso, portão rotativo, o que não proporcionará durabilidade a este sistema.

№ O mais próximo na essência técnica do anteriormente conhecido é um estabilizador de saída de água do fluxo de água de canais com regime de fluxo turbulento, (patente RU 2484203, cl. E02B /13/00, 10.06.2013), contendo uma galeria de receção de água, feita com um fundo inclinado entre os canais de fluxo rápido de abastecimento e trânsito com uma estrutura ondulada do fluxo. A saída ao longo do comprimento da galeria está ligada a um tubo de descarga (canal), na secção de entrada do qual está instalada uma comporta com um mecanismo de elevação.

A desvantagem da solução conhecida é a baixa fiabilidade, uma vez que o perfil e o material elástico das placas curvas, fixadas pela extremidade inferior à grelha vibratória, permitindo o seu movimento (curvatura) na direção das aberturas da grelha, podem ser bloqueados por bombas de grandes dimensões e, neste caso, não serão capazes de cumprir a função atribuída. Ou seja, quando a saída de água está a funcionar, o fluxo de água através do lúmen da grelha não dobra as placas para o valor necessário para passar o caudal de água exigido na parte inicial da galeria, pelo que não aumenta o espaço estrutural entre as barras da grelha vibratória para aumentar a capacidade do dispositivo.

O objetivo da invenção é aumentar a eficiência simplificando o design e a capacidade de fabrico da saída de água, através da qual a entrada de água estabilizada do canal de fluxo rápido é fornecida alterando a resistência hidráulica do fluxo.

A tarefa é cumprida pelo facto de o estabilizador de saída de água do fluxo de água de canais com regime de fluxo turbulento, incluindo canais de abastecimento e de trânsito, galeria de receção de água de fundo, tendo na parte superior do orifício de receção de água, coberto por cima com uma grelha, portão de regulação, com um poço na galeria de receção de água de fundo constituído por duas secções, equipado com portões de regulação de saídas de água dos canais de retirada, acima da grelha está fixado um separador de água, cujas extremidades e partes laterais são cegas, a grelha é feita com placas inclinadas para trás em relação ao fluxo da corrente de água que entra, com a formação de fendas localizadas perpendicularmente ao fluxo inverso de água no separador, para o fluxo livre da corrente de água que entra no poço, em frente da parte de entrada do separador está fixada uma grelha inclinada, na parte inferior do poço há uma placa vertical e um escudo.

O fluxo de água, dividido em partes de trânsito e de entrada, que se desloca a alta velocidade ao longo do fundo do canal na zona de entrada de água, é dividido numa parte de trânsito que passa sobre o separador de água de aço e a outra parte de entrada da água é suposto ser levada para os canais de saída. A parte de entrada do separador de aço é feita com uma área de secção transversal mais pequena para garantir que a maior parte dos sedimentos seja arrastada com o fluxo de trânsito. É instalada uma grelha inclinada a montante do separador de aço para evitar que os sedimentos grosseiros e as barbatanas entrem no separador de aço. No interior do separador de água em aço, cujas extremidades e partes laterais são cegas, a água trava e flui para trás. Ao mesmo tempo, o fluxo de água inverso é impedido por uma grelha com placas inclinadas para trás em relação ao fluxo de água, formando fendas localizadas perpendicularmente ao fluxo de água inverso no separador de água em aço, devido ao qual existe um fluxo livre da água retirada para o poço. Quando o poço de betão armado é enchido até ao nível da chapa de aço vertical, a água transborda através da chapa de aço vertical e é fornecida aos consumidores, cujo caudal é regulado por comportas. A placa vertical de aço serve também para acalmar o regime turbulento da água no poço e para acumular sedimentos finos no compartimento do poço. No fundo do poço é instalada uma placa, cuja abertura limpa hidraulicamente o poço de sedimentos. Isto é conseguido pelo facto de o separador de água de aço com uma grelha inclinada e uma grelha com placas inclinadas para trás em relação ao fluxo de água, formando fendas através de uma dobradiça fixada à parede do canal, ser levantado, o que permite efetuar a limpeza hidráulica do compartimento do poço ajustando a aba e o estabilizador de saída do fluxo de água do canal com um regime de fluxo turbulento está pronto para funcionar novamente.

Com base no exposto, os autores consideram que é possível afirmar que a solução técnica proposta cumpre o critério das "Diferenças Significativas".

A Fig. 1 mostra a planta da saída de água do canal de fluxo rápido; Fig. 2 - secção A-A; Fig. 3 - secção B-B.

O estabilizador de saída de água do fluxo de água dos canais com regime de fluxo turbulento contém o fluxo de água 1, dividido em partes de trânsito 2 e de entrada 3, que passa a alta velocidade no canal 4, ligado ao poço 5, equipado com portões 6 de saída de água dos canais de saída 7, ao nível do fundo 8 do canal 4 há uma grelha 9 com placas 10 inclinadas para trás em relação ao fluxo de água, formando ranhuras 11, por cima desta existe um corte de água em aço 12 com uma grelha inclinada 13, fixada por uma dobradiça 14, no fundo 15 do poço 5 existe uma placa de aço vertical 16 para acalmar o regime de águas agitadas e uma proteção 17 para a limpeza hidráulica do compartimento 18 do poço 5 e um compartimento 19 para a entrada de água do poço 5 para os consumidores.

O estabilizador de saída do caudal de água dos canais com regime de escoamento turbulento funciona da seguinte forma.

O fluxo de água 1, que se desloca a alta velocidade ao longo do fundo do canal 4 na área de entrada de água, é dividido numa parte de trânsito 2 que passa sobre o separador de água em aço 12, enquanto a outra parte de entrada de água 3 deve ser levada para os canais de saída 7. A parte de entrada do separador de água em aço 12 é feita com uma área de secção transversal mais pequena, de modo a que uma maior parte dos sedimentos arrastados saia com o fluxo de trânsito 2. Uma grelha inclinada 13 é instalada a montante do separador de aço 12 para evitar que sedimentos grosseiros e barbatanas entrem no separador de aço 12. No interior do separador de água em aço 12, cujas extremidades e partes laterais são cegas, a água é travada e flui para trás. Ao mesmo tempo, o fluxo de água para trás é impedido por uma grelha 9 com placas 10 inclinadas para trás em relação ao fluxo de água, formando fendas 11 localizadas perpendicularmente ao fluxo de água para trás no separador de água em aço 12, devido ao qual existe um fluxo livre de água 3 para o poço 5. Durante o enchimento

do poço de betão armado 5 até ao nível da chapa vertical de aço 16, o caudal de água transborda através da chapa vertical de aço 16 e é fornecido aos consumidores, cujo caudal é regulado por comportas 6. A placa vertical de aço 16 serve também para acalmar o regime turbulento da água no poço 5 e acumular sedimentos finos no compartimento 18 do poço 5. No fundo 15 do poço 5, está instalada uma aba 17, cuja abertura limpa hidraulicamente o poço 5 de sedimentos. Isto é conseguido pelo facto de o separador de água de aço 12 com uma grelha inclinada 13 e uma grelha 9 com placas 10 inclinadas para trás em relação ao fluxo de água, formando ranhuras 11, ser levantado por meio de uma dobradiça 14 fixada na parede do canal 4, o que permite a limpeza hidráulica do compartimento 18 do poço 5 por meio da regulação da aba 17 e o estabilizador de saída do fluxo de água do canal 4 com um regime de fluxo turbulento está novamente pronto para funcionar. A operacionalidade prática do amortecedor de energia proposto é óbvia e enquadra-se na tecnologia de conceção de equipamentos de rega.

Assim, a eficiência económica do estabilizador de saída de água proposto reside na simplicidade do dispositivo, bem como na combinação, num ciclo tecnológico, das tarefas de captação optimizada do fluxo de água estabilizada e de tratamento eficaz da água dos sedimentos e detritos.

Fórmula da invenção

Estabilizador de escoamento de água de canais com regime de escoamento turbulento, incluindo canais de abastecimento e de trânsito, galeria inferior de receção de água, tendo na parte superior da abertura de receção de água, coberta por cima com uma grelha, uma porta de regulação, diferindo em que na galeria inferior de receção de água há um poço constituído por duas secções, equipadas com portas de regulação de saídas de água de canais de saída, um corte de água é fixado acima da grelha, a grelha é feita com placas inclinadas para trás em relação ao fluxo da corrente de água de entrada, com a formação de fendas localizadas perpendicularmente ao fluxo inverso de água no eliminador, para o fluxo livre da corrente de água de entrada no poço, em frente da parte de entrada do eliminador é fixada uma grelha inclinada, na parte inferior do poço é instalada uma placa vertical e um escudo.

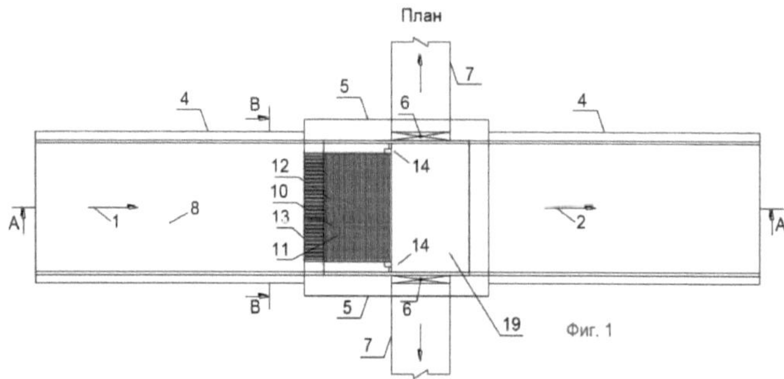

Фиг. 1

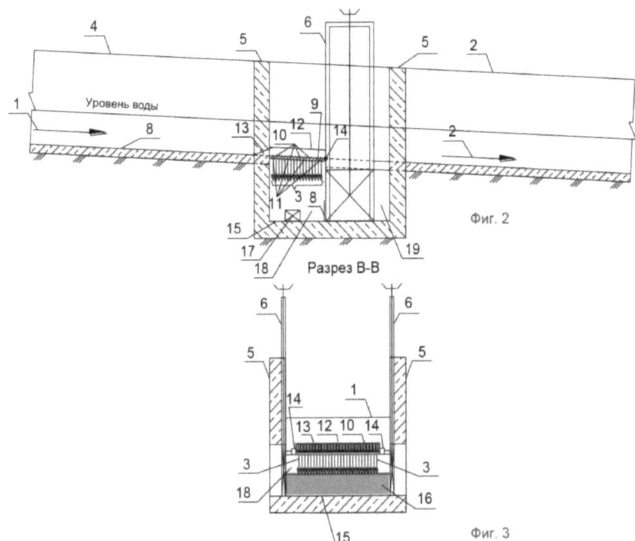

1. Fluxo de água
2. parte de trânsito da água
3. Parte da captação de água
4. Canal (com uma velocidade elevada)
5. Bem
6. Obturador
7. Saída de água das condutas de descarga
8. Fundo do canal (nível do fundo do canal)
9. Grelha (instalada no canal 4)
10. Placas
11. fendas
12. corte de água
13. Grelha inclinada
14. Dobradiça
15. Fundo do poço (fundo do poço 5)
16. Placa de aço vertical (para acalmar o modo turbulento)
17. Escudo
18. Folga hidráulica do compartimento (compartimento 5)
19. compartimento de entrada de água (do poço 5)

КЫРГЫЗСКАЯ РЕСПУБЛИКА

КЫРГЫЗПАТЕНТ

ПАТЕНТ

№ *1741*

Название изобретения: *Водовыпуск-стабилизатор расхода воды из каналов с бурным режимом течения*

Патентовладелец, страна: *Акматов А.К. (KG)*

Автор (авторы): *Сегизбаев О.О., Муканов Т.А., Каныев М.Д., Жолболдуев П.Б. (KG)*

КЫРГЫЗПАТЕНТ

Заявка № *20140111.1*

Приоритет изобретения *11 сентября 2014 года*

Зарегистрировано в Государственном реестре изобретений Кыргызской Республики *30 апреля 2015 года*

ПАТЕНТ ПОД ОТВЕТСТВЕННОСТЬ ЗАЯВИТЕЛЯ (ВЛАДЕЛЬЦА) на данное изобретение удостоверяет исключительное право патентовладельца на владение, использование, а также запрещение использования другими лицами на территории Кыргызской Республики.

Conclusão

Principais conclusões

1. O controlo do estado e do funcionamento das estruturas hidráulicas permite identificar as principais dificuldades de funcionamento, cuja extensão e natureza dependem principalmente da altura manométrica e das caraterísticas de projeto das estruturas hidráulicas, bem como da localização geográfica do esquema hidráulico.

2. O mundo acumulou experiência com os sistemas hidroeléctricos existentes e desenvolveu instalações de tratamento de sedimentos. A ausência ou a extrema limitação das descargas de água para a lavagem dos sedimentos acumulados nos aterros das albufeiras no outono e na primavera (antes das cheias) complica o seu funcionamento, que é muitas vezes impossível sem a remoção mecânica da albufeira.

3. Para uma utilização racional das estruturas hidráulicas existentes e dos reservatórios por elas criados, é conveniente alargar o estudo e a generalização da experiência no funcionamento dos sistemas hidráulicos e das estruturas hidráulicas. Ao mesmo tempo, os dados de todos os tipos de observações e estudos de campo devem ser tidos em conta mais profundamente do que atualmente durante o desenvolvimento de novos sistemas de energia e de energia complexa. sistemas. É igualmente necessário aprofundar

elaboração de questões operacionais na conceção de hidrossistemas integrados e das suas estruturas e medidas de controlo dos sedimentos.

4. Nesta fase, não são efectuados todos os tipos de observações na República, as observações parcialmente efectuadas não dão uma caraterística completa do funcionamento da estrutura, o que não permite a análise dos processos no reservatório.

Lista das referências utilizadas

1. Recursos hídricos de superfície da URSS. - T. 14. Ásia Central. Vol. 1. Bacia do rio Syr-Darya // Editado por I.A. Ilyin. - L.: Gidrometeeoizdat, 1969. - 439 c.

2. Hidrologia de Engenharia. I.I. Levy, Gosenergoizdat, 1986.

3. Hidrologia Geral, Hydrometeoizdat, 1982.

4. Aspeto do gelo e início da formação de gelo em rios, lagos e albufeiras. Hydrometeoizdat, 1985.

5. Cálculos de economia e gestão da água. Stroyizdat, Bakhtiarov V.A., 1988.

6. Fundamentos da hidrometria. N.N. Pashkov, F.M. Dolgachev, M. Energoizdat, 1989.

7. Bacia do rio Naryn (caraterização física e geográfica) / Editado por R.D.Zabirov e V.A.Blagoobrazov. - Frunze: Editora da Academia de Ciências do Kirg. SSR, 1960. - 229 c.

8. Goroshkov I.F. Cálculos hidrológicos. - L.: Gidrometeoizdat, 1979.

9. Zyryanov A.G. Dinâmica de assoreamento do reservatório da Uchkurgan HPP e experiência de controlo de sedimentos // Hydrotechnical Construction, No. 1. - M., 1973, - P. 32-37.

10. Relatório de avaliação da segurança das barragens de Toktogul e Uchkurgan. Componente C "Segurança de barragens e gestão de reservatórios". Projeto GEF. - Bishkek, 2001.

11. Normas e regras de construção. SNiP 2.01.14-83. Determinação das caraterísticas hidrológicas de projeto. - Moscovo: Stroyizdat, 1985.

12. Central hidroelétrica de Toktogul no rio Naryn. Projeto técnico das estruturas principais, Volume 1. Condições naturais. Livro 2: Condições geológicas e de engenharia. - 1036-T3. - SAO "Hydroproject", 1969.

13. TER de desobstrução do reservatório da Uchkurgan HPP no rio Naryn. Projeto nº 3805-17 / VO "SOYUZGIDROENERGOSTROY". - M., 1990.

14. Bacia do rio Chu (caraterização física e geográfica) / Editado por R.D.Zabirov e V.A.Blagoobrazov. - Frunze: Editora da Academia de Ciências da RSS de Kirg. SSR, 1960. - 229 c.

15. Goroshkov I.F. Cálculos hidrológicos. - L.: Gidrometeoizdat, 1979.

16. Recursos hídricos de superfície da URSS. - T. 14. Ásia Central. Vol. 1. Bacia do rio Syr-Darya // Editado por I.A. Ilyin. - L.: Gidrometeoizdat, 1969. - 439 c.

17. Normas e regras de construção. SNiP 2.01.14-83. Determinação das caraterísticas hidrológicas de projeto. - Moscovo: Stroyizdat, 1985.

18. GTS. Editado por M.M.Grishin, M. Vysh.shk., 1989 Partes 1 e 2.

19. Construções hidrotécnicas. - Rozanov N.P., M.: Stroyizdat.

20. Funcionamento de sistemas hidromelhoradores. Natalchuk M.F., Vysh. shk., 1989

21. Geodesia de engenharia. A.G.Grigorenko, M.I.Kiselev. M. Vysh.shk., 1989.

22. Prática laboratorial de geodesia. M.I. Kiselev, M.Stroyizdat, 1990.

23. Estruturas hidrotécnicas de estruturas complexas. Editado por P.S. Neporozhnykh.

24. Hydropower and integrated use of water resources of the USSR. Editado por P.S. Neporozhnykh M.: Energoizdat, 1982.

25. Regulação do escoamento fluvial. Pleshkov Y.F. L., Gidrometeoizdat, 1972.

26. Reservatórios de centrais hidroeléctricas. Avakyan A.B., Sharapov V.A. M.: Energia, 1986.

27. Reservatórios do Mundo. Avakyan A.B. M.: Energia, 1986.

28. Canais de centrais hidroeléctricas. Korolev A.A. M., Gosenergoizdat, 1976.

29. Utilização integrada e proteção dos recursos hídricos. Zarubaev I.V., L. 1986.

30. Contorno subterrâneo de estruturas hidráulicas. Chugaev R.R. L., Energia, 1984.

31. Cálculos de filtragem de estruturas hidráulicas. Aravin V.I., Numerov S.N., M., Gosstroyizdat, 1990.

32. Hidráulica. Chugaev R.R. L., Energia, 1984.

33. Estruturas hidrotécnicas. Chugaev R.R. L., Energia, 1984.

34. "Investigation of sediment deposition process in the Orto-Tokoi Reservoir" Mukanov T.A., No. 1-1, ISSN 2413-0869, Agency for Advanced Scientific Research (AASR), X International Scientific and Practical Conference: Modern Trends in the Development of Science and Technology, 2016, Belgorod, Rússia, pp. 87-98.

Apêndice

Anexo 1

Progresso do assoreamento do reservatório da UHE-2 de Kambarata (marcas médias e níveis de água são mostrados no final do ano)

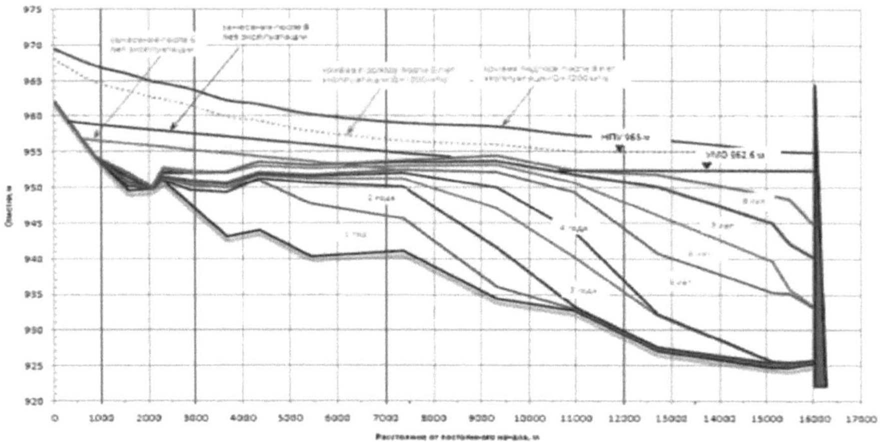

Anexo 2

Evolução do assoreamento da albufeira da UHE-2 de Kambarata (secção represada da albufeira)

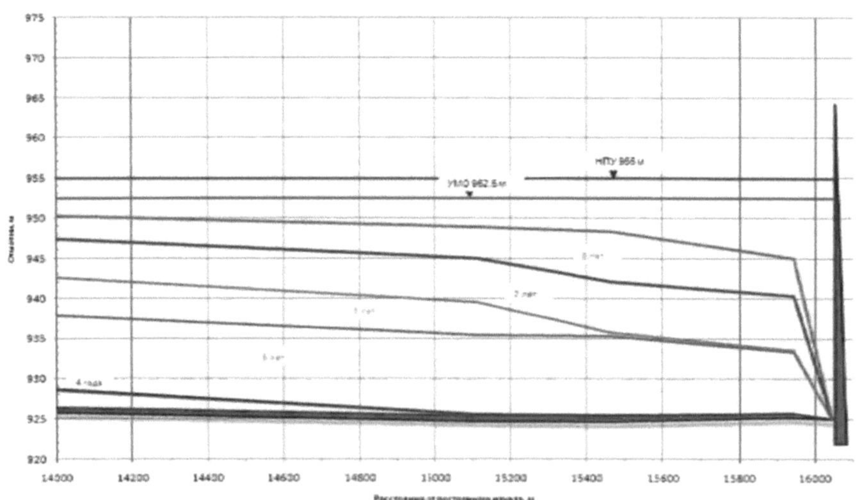

Anexo

Curvas de volume do reservatório da UHE-2 de Kambarata

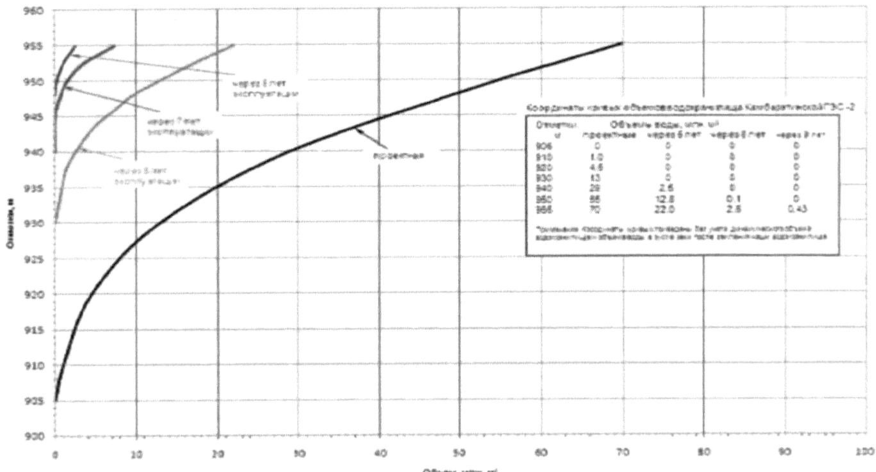

Anexo

Progresso do assoreamento da albufeira da UHE-2 de Kambarata com um rebaixamento até 950,00 m. (as elevações médias do fundo e os níveis de água são mostrados para o final do ano)

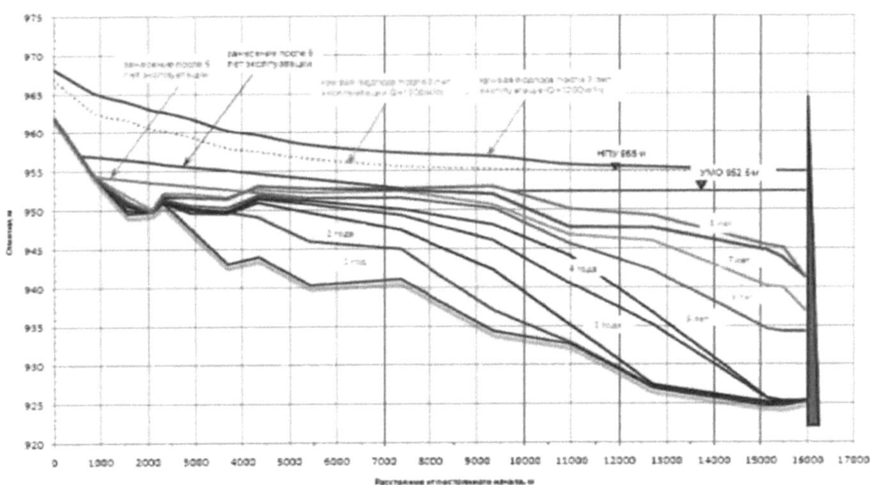

Anexo 5

Progresso do assoreamento da albufeira da UHE-2 de Kambarata com um rebaixamento até 947,00 m. (as elevações médias do fundo e os níveis de água são mostrados para o final do ano)

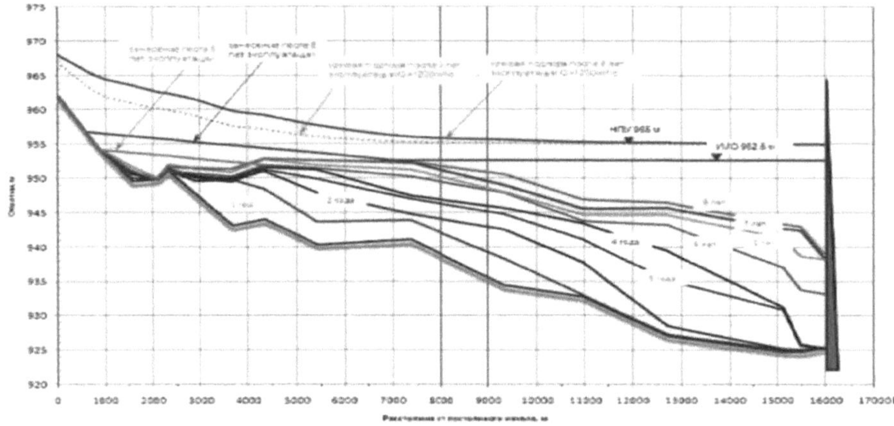

Anexo 6

Secção transversal do rio Naryn à entrada do canal de entrada da central hidroelétrica de Kambarata-2

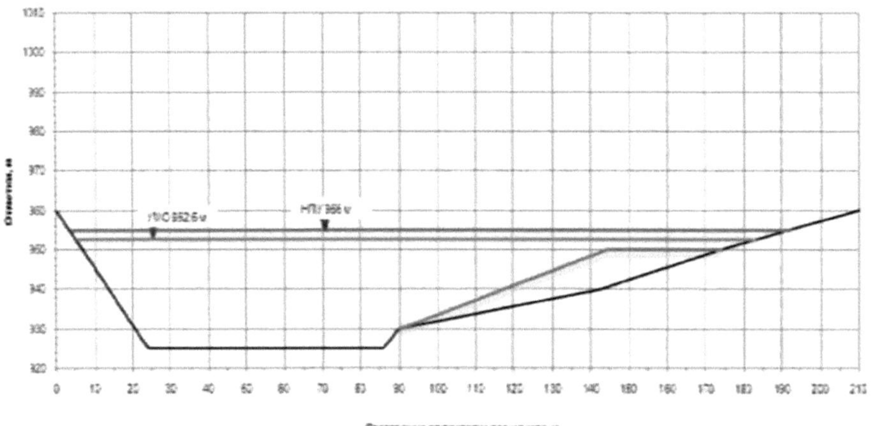

Printed by Books on Demand GmbH, Norderstedt / Germany